Welwitcha Sory dos Santos Lima

Simulação do processo de obtenção de Maltina

Welwitcha Sory dos Santos Lima

Simulação do processo de obtenção de Maltina

a partir de sorgo vermelho CIAP R-132 a132 em escala de planta piloto

ScienciaScripts

Imprint
Any brand names and product names mentioned in this book are subject to trademark, brand or patent protection and are trademarks or registered trademarks of their respective holders. The use of brand names, product names, common names, trade names, product descriptions etc. even without a particular marking in this work is in no way to be construed to mean that such names may be regarded as unrestricted in respect of trademark and brand protection legislation and could thus be used by anyone.

Cover image: www.ingimage.com

This book is a translation from the original published under ISBN 978-620-2-14069-0.

Publisher:
Sciencia Scripts
is a trademark of
Dodo Books Indian Ocean Ltd. and OmniScriptum S.R.L publishing group

120 High Road, East Finchley, London, N2 9ED, United Kingdom
Str. Armeneasca 28/1, office 1, Chisinau MD-2012, Republic of Moldova, Europe
Printed at: see last page
ISBN: 978-620-7-70569-6

Conteúdo

Pensamento

"A educação é a arma mais poderosa que se pode usar para mudar o mundo" Nelson

Mandela.

Dedicação

A Deus, por me ter guiado e protegido até aqui. Aos meus pais, por me terem apoiado para tornar este sonho possível. Às minhas irmãs, que um dia me darão a satisfação de as ver defender este trabalho.

Reconhecimento

Em primeiro lugar, agradecer a Deus pelo dom da vida. Aos meus pais pelo imenso amor e dedicação, especialmente à minha mãe por ser uma mulher incansável.

Aos meus tutores Isnel Benitez e Amaury Sanchez por toda a ajuda, dedicação e paciência.

Aos meus amigos e colegas de turma, em especial à minha bebé Galcione Felicidade Chitali, que nos bons e maus momentos tem estado ao meu lado. A todos os professores que me ensinaram durante estes belos cinco anos.

Resumo

Foi efectuada a simulação de uma fábrica de produção de maltina à escala piloto (150 L/lote), utilizando o sorgo vermelho CIAP R-132 coro como matéria-prima principal. Foi realizado um estudo de sensibilidade composto por 11 ensaios experimentais para avaliar a influência de três variáveis de entrada (capacidade de produção de maltina por lote; custo de aquisição de sorgo vermelho; e preço de venda da garrafa de maltina) em três indicadores económicos importantes: Valor Atual Líquido (VAL), Taxa Interna de Rentabilidade (TIR) e Período de Recuperação do Investimento (PRI). O custo unitário de produção atingiu um valor de $ 3,73/garrafa, tendo-se obtido um VAL, TIR e PIR de $ 3.661.000, 63,20 % e 1,02 anos, respetivamente, o que qualifica o processo como economicamente rentável e viável do ponto de vista do investimento. O estudo de sensibilidade permitiu obter equações que estabelecem a correlação estatística entre as 3 variáveis de entrada e as 3 variáveis de saída. A fábrica deve ter uma capacidade de produção mínima de 125 L/lote, um custo de compra de sorgo de $16,39/kg e um preço de venda da garrafa de maltina de $5 para obter um valor NPV positivo ($424.356). Finalmente, foi efectuada a quantificação das emissões de resíduos sólidos, líquidos e gasosos obtidos no processo de produção. Para a simulação foi utilizado o simulador SuperPro Designer® v.8.5 e para o tratamento estatístico dos dados foi utilizado o software Statgraphics Centurion XVI®. Palavras-chave: Maltina; sorgo; simulação; análise de sensibilidade; rentabilidade.

Palavras-chave: Maltina; sorgo; simulação; análise de sensibilidade, rendibilidade.

Introdução

Atualmente, a missão da indústria química é basear o seu desenvolvimento na investigação de produtos que possam ser atractivos do ponto de vista da sua utilização, qualidade, mercado, o que conduziria também à sua viabilidade técnica, sustentabilidade económica e ambiental.

É por esta razão que este desenvolvimento está cada vez mais orientado para o desenvolvimento de produtos naturais nas indústrias farmacêutica, alimentar, cosmética, corante e biotecnológica.

A utilização de cereais na alimentação animal tem sido um elemento dinâmico no consumo mundial de sorgo. A procura de sorgo tem sido a principal força motriz do aumento da produção mundial e do comércio internacional desde a década de 1960. O sorgo é o quinto cereal mais importante do mundo, depois do trigo, do arroz, do milho e da aveia (Pacheco, 1998). Os principais locais de produção de sorgo situam-se nas regiões áridas e semi-áridas das regiões tropicais e subtropicais (Doggett, 1998). Em África, uma parte significativa é destinada ao consumo humano, enquanto na América e na Oceânia a maior parte do sorgo produzido é utilizada para consumo animal, por exemplo, na alimentação do gado (Ostrowski, 1998) (Salermo, 1998), nas aves de capoeira, além de ser amplamente utilizada noutros países como matéria-prima na indústria do amido e do álcool e da cerveja (Lyumugabe et al., 2012) (Ramatoulaye et al., 2016).

A procura de sorgo está fortemente concentrada em países como os Estados Unidos da América, com uma produção de 11,9 milhões de toneladas (Mt) de grão, a Índia (9,5 Mt), a Nigéria (7,5 Mt) e o México (6,4 Mt), que são considerados os principais produtores (Perez et al., 2010).

Atualmente, existe um grande interesse na utilização do sorgo como fonte de energia na produção de alimentos para consumo humano, substituindo o milho na produção de concentrados alimentares (Valencia & Rooney, 2009). Para além disso, a sua composição química é praticamente idêntica à do milho, pelo que pode ser utilizado para produzir farinha, tortilhas, amido, xaropes e bebidas alcoólicas. Sem

No entanto, tem as desvantagens de ter um endosperma periférico que actua como uma barreira contra a penetração da solução de embebição, uma matriz proteica mais dura e reticulada que envolve os grânulos de amido, reduzindo o rendimento e a qualidade do amido (Rooney & Serna, 2000), bem como a recuperação do amido durante a moagem húmida (Serna, 1998).

O malte de cevada tem sido tradicionalmente utilizado na produção de bebidas, como cerveja y maltinas y na produção direta de etanol, por sua atividade diastática o amilolítica, em comparação com a de outros cereais, mas para muitos países coтo Cuba é uma matéria-prima de importação, apesar disso, há pessoas que não podem comer alimentos produzidos a partir dele pelo tipo de proteína que apresenta este cereal (Rodriguez et al., 2015). No entanto, o sorgo é um cereal que contém muitas propriedades benéficas e tem sido demonstrado que o seu cultivo é economicamente rentável, com base no seu baixo custo de produção, dadas as suas características de rusticidade, resistência à seca, a realização de várias colheitas ou cortes, etc., e não contém as proteínas que afetam os pacientes celíacos (Gallardo et al., 2013). O desenvolvimento de produtos a partir do sorgo, incluindo a maltina, tem despertado grande interesse na região (Diaz, 2014). A simulação de processos para a avaliação de alternativas e mitigação de perdas num determinado processo desempenhará um papel muito importante para o modelo final de otimização, uma vez que pode revelar em grande escala se um processo futuro pode dar resultados de sucesso ou não ser altamente viável. A simulação de uma fábrica de produtos químicos consiste na criação de um modelo de processo, em que um modelo é entendido como uma descrição do comportamento de um processo real, capaz de prever a saída (respostas) em função das entradas.

A doença celíaca, ou enteropatia sensível ao glúten, é um distúrbio intestinal de etiologia multifatorial em que se desenvolve, entre outras complicações, uma síndrome de má absorção, produzida por danos nas vilosidades intestinais do intestino delgado aquando da ingestão de glúten (Carvajal, 2014). Este processo ocorre em indivíduos geneticamente predispostos após a ingestão de algumas das proteínas presentes nos cereais (glúten), especialmente *as prolaminas*, que são nomeadas de forma diferente dependendo do cereal: *gliadinas* no trigo; *hordeínas* na cevada; *secalinas* no centeio y embora não tão claramente demonstrado a *avenina* na aveia (Pino, 2017).

O software *SuperPro Designer^* (Intelligen, 2014) permite a simulação de vários processos e operações à escala industrial através de um computador. Em muitos domínios, como o químico, o biotecnológico e o petrolífero, têm sido desenvolvidos simuladores específicos, nomeadamente o Aspen Plus®, o ChemCAD® e o Hysys®. Entre os muitos simuladores existentes, o *SuperPro Designed* é um dos mais relevantes para a indústria de processos químicos, que tem sido utilizado principalmente para balanços de massa, estudos de viabilidade, análise económica de variantes, bem como para a conceção e avaliação concetual de processos e sistemas industriais. Atualmente, 18 das 20 maiores empresas biofarmacêuticas a nível mundial utilizam este software nas suas operações diárias (Intelligen, 2014).

A análise de sensibilidade é uma ferramenta utilizada para estimar a contribuição dos factores *de entrada* para as variáveis *de saída*. Neste caso, o objetivo é determinar a variação possível da despesa inicial, dos fluxos de caixa e da taxa de desconto para que o investimento seja rentável. Esta análise é efectuada de acordo com o VAL y de acordo com a TIR. A análise de sensibilidade para determinar a rendibilidade de um investimento, pode dizer-se que é uma análise financeira essencial para medir o desempenho da empresa e identificar os problemas que podem surgir.

A variedade de sorgo vermelho CIAP R-132 foi utilizada para avaliar o processo de moagem úmida para a extração do amido contido nos grãos (Rodriguez et al., 2015); a produção de xaropes dextrinizados por hidrólise enzimática do amido aplicando a enzima a-amilase (Rodriguez et al., 2015); como componente adjunto misturado com cevada para obtenção de cerveja y malte à escala piloto (50 L) (Nieblas et al., 2016) y como única matéria-prima para obtenção de cerveja à escala laboratorial (Alfonso, 2018). No entanto, até o momento, não foi relatado seu uso de forma abrangente para a produção de maltina em escala de planta piloto, portanto, não se sabe quais valores terão os principais indicadores técnico-econômicos de tal planta.

Os elementos descritos até agora mostram a necessidade de um estudo para analisar a viabilidade económica de uma fábrica de produção de maltina à escala piloto (150 L/lote) utilizando sorgo vermelho CIAP R-132 como como matéria-prima integral, pelo que o **problema de investigação** proposto é como:

A proposta de uma instalação tecnológica para a produção de maltina a partir de sorgo vermelho CIAP R-132 à escala piloto é viável no atual contexto económico de Cuba?

Hipótese:

Através da simulação da proposta tecnológica para a produção de maltina a partir do sorgo vermelho CIAP R-132, é possível determinar os valores dos seus principais indicadores técnico-económicos, de modo a avaliar a sua rentabilidade e rendimento.

Objetivo geral:

Simular a unidade de produção de maltina a partir de sorgo vermelho utilizando o SuperPro Designer para determinar os indicadores técnico-económicos que permitirão avaliar a viabilidade do processo à escala piloto.

Uma vez definido o objetivo geral do trabalho, são apresentados os seguintes **objectivos específicos:**

1. Efetuar um estudo bibliográfico sobre os processos de produção de maltina a partir do sorgo e as suas características mais importantes.

2. Simular a tecnologia de produção proposta utilizando o simulador *SuperPro Designed.*

3. Analisar os valores dos principais indicadores técnico-económicos obtidos pelo simulador para a tecnologia de produção proposta.

4.	Efetuar um estudo de sensibilidade com 3 variáveis de entrada e 3 variáveis de saída e avaliar a correlação estatística entre elas.

Após a definição dos objectivos específicos, são apresentadas as **tarefas** a realizar:

1.	Efetuar um estudo bibliográfico sobre o tema estudado (produção de maltina a partir de sorgo).

2.	Simular o processo de produção de maltina a partir de sorgo vermelho CIAP R-132.

3.	Analisar os resultados técnicos e económicos obtidos e compará-los com a literatura existente sobre o assunto.

4.	Efetuar um estudo de sensibilidade com 3 variáveis de entrada e 3 parâmetros de saída.

5.	Determinar a correlação estatística entre as 3 variáveis iniciais consideradas no estudo de sensibilidade, em 3 parâmetros económicos importantes do processo (VAL, TIR y PRI).

CAPÍTULO 1

Estado da arte

1.1.   O que é Maltina?

O malte é um tipo de refrigerante. É uma bebida carbonatada de malte, ou seja, é preparada a partir de cevada, lúpulo e água, e água, podendo também conter milho e cerveja cor de caramelo. No entanto, o malte não contém álcool e é consumido da mesma forma que o refrigerante ou a cola na sua forma carbonatada original e, em certa medida, o chá gelado na forma não carbonatada.

Por outras palavras, o malte é uma cerveja que não foi fermentada. A sua cor é semelhante à da stout (castanha escura), mas é muito doce, tendo normalmente um sabor a melaço. Ao contrário da cerveja, o gelo é frequentemente adicionado ao malte quando este é consumido. O malte é originário da Alemanha coto Malzbier ("cerveja de malte"), uma bebida escura de malte, cuja fermentação pára a cerca de 2% ABV, deixando uma grande quantidade de açúcares residuais na cerveja acabada. Na década de 1950, a Malzbier era considerada um alimento fortificante para mães lactantes, pacientes em recuperação, idosos, etc. (Leyanis Rodriguez, Gallardo, Nieblas, & Ortiz, 2015).

A Malzbier na sua forma original foi substituída nos anos 60 pela sua forma moderna, formulada com água, xarope de glucose, extrato de malte e extrato de melaço, que se encontrava no mercado desde a segunda metade do século XIX, especialmente na Dinamarca. Estas bebidas formuladas são designadas Vitamalz ("cerveja de malte") nos termos da legislação alemã, uma vez que não são fermentadas. No entanto, no uso coloquial, a Malzbier manteve-se ao lado de outras alcunhas, como Kinderbier.

O malte é por vezes referido como "cola de champanhe" por algumas marcas. No entanto, existe um outro tipo de bebida com este nome, que tem um sabor e uma consistência mais semelhantes ao refrigerante. Apesar desta designação comercial, o champanhe também não é o cola. Devido à sua cor caraterística, o malte é por vezes chamado de "cerveja preta", embora no Chile o malte seja uma cerveja fermentada com álcool, como é o caso dos maltes Morenita e del Sur. É por isso que neste último país se chama malte das Caraíbas para evitar confusões.

O malte é rico em vitamina B. Algumas cervejeiras, como a coto Albani Brewery na Dinamarca, fortificam os seus maltes com complexo de vitamina B. A Albani Brewery afirma no seu sítio Web que foi a primeira cervejeira a criar bebidas de malte não alcoólicas em 1859. O malte está facilmente disponível na América Latina. É mais difícil de encontrar nos Estados Unidos, no México e no Canadá.

É de notar que o malte, sendo feito de cevada, contém glúten, o que o torna inadequado para celíacos ou pessoas com NCGS.

Atualmente, a maior parte do malte é fabricado nas Caraíbas e está disponível em zonas com populações caribenhas significativas. Para além das ilhas das Caraíbas, o malte é também popular em países com costas caribenhas, como a Colômbia, o Panamá e a Venezuela, bem como em países que partilham uma costa caribenha. O malte é produzido em todo o mundo e é popular em muitas partes de África, como na Nigéria, Chade, Gana, Camarões e no Oceano Índico. Também é popular em algumas partes da Europa, especialmente na Alemanha (Leyanis Rodriguez et al., 2015).

1.2. Benefícios da amaltina

A maltina tem os seguintes aspectos benéficos (Ozuna, 2008) (Y. Diaz, 2014): J É uma bebida energética, utilizada pelos desportistas porque fornece energia rápida e também fornece proteínas, vitaminas, minerais e aminoácidos, o que a torna a bebida mais saudável.

J É adequado para crianças, pois fornece uma série de nutrientes essenciais para o desenvolvimento dos ossos e dos dentes.

J Actua como regulador hormonal tanto no homem como na mulher.

J As vitaminas do complexo vitamínico nelas contidas melhoram e revitalizam a pele, o cabelo e as unhas.

J Quem sofre de anemia pode consumi-lo, pois contém ferro e vitamina B.

J Contém uma substância chamada Hamada inostol, que regula o metabolismo das gorduras do organismo, regulando os níveis de colesterol.

J Actua igualmente sobre os capilares, melhorando a circulação sanguínea e evitando os bloqueios.

J Beber maltina é bom para o coração.

J Devido à sua elevada quantidade de nutrientes, é recomendado para acelerar a recuperação após operações ou doenças.

J Contribui para a remineralização óssea e é altamente recomendado para prevenir a osteoporose.

1.3. Diferenças entre o malte de sorgo e o malte de cevada

Para que as bebidas sejam fabricadas a partir do sorgo em substituição total da cevada, é necessário compreender primeiro os contrastes entre os maltes dos dois cereais. A este respeito, (Lyumugabe et al., 2012) resume as diferenças fisiológicas mais importantes entre eles, que são apresentadas de seguida.

A primeira diferença são as enzimas que degradam o endosperma. Durante a germinação, a hormona ácido giberélico, a baixa concentração (0,1-0,2 ppm) induz a camada de aleurona da cevada a produzir enzimas como a-amilase, protease, pentosanases y endo-p-glucanase que degradam o endosperma, mas esta hormona não desempenha um papel tão importante no desenvolvimento de enzimas no sorgo. Por exemplo, no sorgo, a a-amilase e as carboxipeptidases são produzidas pelo escutelo, enquanto a endo-p-glucanase, a dextrinase limitante e a endo-protease crescem no endosperma amiláceo. Na maltagem da cevada, por outro lado, a a-amilase, a endo-protease, a dextrinase y endo-P-glucanase crescem na camada de aleurona, enquanto as carboxipeptidases y p-amilase se encontram no endosperma amiláceo.

A segunda contradição está relacionada com as características do endosperma. O endosperma do sorgo maltado mantém a compacidade do amido y não é esmigalhado coto nos grãos de malte de cevada (Palmer et al., 1989). O terceiro contraste reside no nível de enzimas nos grãos. Os grãos de malte de sorgo contêm baixos níveis de endo-p-glucanase y p-amilase (Aisien e Palmer, 1983). A quarta incoerência reside nas perdas durante a maltagem. As perdas durante a maltagem (respiração e enraizamento) do malte de sorgo são de cerca de 20%, enquanto as perdas de maltagem do malte de cevada são de 7% após 6 dias de crescimento a 25 °C e 25 °C (M. O. Diaz, 2016; Y. D. Rodriguez, 2014).

1.4. Componentes da amaltina

A maltina tem os seguintes componentes (Ozuna, 2008) (Carvajal, 2014) (Leyanis Rodriguez et al., 2015):

1.4.1. Malte verde y malte caramelo

Fabricada segundo um processo especial de secagem e torrefação. Os grãos maltados desenvolvem as enzimas necessárias para converter o amido do grão em açúcar. Os maltes caramelo são produzidos a partir de maltes com um teor normal de proteínas. A maceração e a germinação são muito intensas, resultando numa elevada atividade enzimática no malte verde. Durante a sacarificação a 65 - 75 °C, os açúcares são formados pela degradação das proteínas em amido e aminoácidos. Ambos os produtos reagem entre si na fase de torrefação para formar a cor e o aroma característicos.

Estes açúcares são caramelizados em cadeias mais longas que não são convertidas em açúcares simples pelas enzimas durante a brassagem. Actuam como antioxidantes, abrandando o processo de oxidação no recipiente, favorecendo assim a estabilidade da bebida e a desnaturação das proteínas que favorecem a formação de espuma na maltina (Leyanis Rodriguez et al., 2015).

1.4.2. Lupulo

O lúpulo é um ingrediente alternativo na produção de maltina e não tem substituto. O lúpulo é indispensável devido ao seu sabor amargo agradável e ao seu aroma suave caraterístico, contribuindo igualmente para uma melhor qualidade de conservação e para uma cabeça mais duradoura. O lúpulo é uma planta trepadeira selvagem que, através de um cultivo cuidadoso ao longo dos séculos, desenvolveu características que conferem ao produto um aroma e um amargor especiais. O lúpulo é cultivado em zonas temperadas e quentes (Ratnavathi & Chavan, 2016). Existem muitos tipos diferentes de lúpulo, devido às condições de cultivo (solo e água), o que leva a diferenças na qualidade dos produtos. Os tipos de malte e de cerveja estão normalmente relacionados com determinados tipos de lúpulo. A adição de lúpulo pode ser feita de diferentes formas, sendo mais frequente a utilização de extrato de lúpulo ou de grãos de lúpulo moídos.

1.4.3. Água

As características da água de infusão têm uma grande influência na qualidade do malte. A água é um elemento básico, que influencia em grande medida o sabor do produto, quer seja mais suave, mais forte ou mais doce, devido às suas diferentes durezas e sabores, e também contém minerais e sais em diferentes proporções, consoante o local onde é obtida. A água pode ser obtida da rede local, de nascentes (superficiais e subterrâneas), de lagos e rios. A composição da água influencia o processo de produção. Quanto mais pura for a água, mais o sabor a maltina será controlado. Se for utilizada água potável, as suas características organolépticas devem ser completamente normais (A. Perez et al., 2010).

1.5. Elsorgo

O sorgo (*Sorghum bicolor* L. Moench) é o quinto cereal mais consumido no mundo, depois do trigo, do arroz, do milho e da aveia. É utilizado em África para a alimentação humana, enquanto na América e na Oceânia é principalmente utilizado para a produção de farinha e de alimentos para animais (Chaviano, 2005). É uma cultura que tem uma ampla distribuição geográfica devido à sua plasticidade ecológica, y seu bom comportamento agronômico lhe confere atributos que favorecem seu consumo, pois não é uma cultura exigente para solos férteis, requer pouco cultivo e limpeza y é uma das plantas cultivadas com maior resistência à seca (Leyanis Rodriguez et al., 2015).

A tabela seguinte (Tabela 1) mostra a composição do sorgo e a sua comparação com diferentes tipos de cereais mais comummente utilizados na produção de alimentos e bebidas (L. Rodriguez, 2010). Como se pode ver nesta tabela, a composição do sorgo é muito semelhante à de outros cereais, especialmente a cevada e o trigo, que são muito procurados na indústria alimentar moderna.

Quadro 1. Composição percentual dos diferentes cereais utilizados na produção de bebidas

Conteúdo	Matz	Arroz	Sorgo	Trigo	Cevada
Humidade	10,9	12,0	11,7	11,1	10,6
Amido	68,6	67,0	69,0	69,3	66,0
Proteína	10,0	7,7	10,4	0,2	13,0

Massa lubrificante	1,9	4,3	3,7	3,4	2,1
Fibra	3,4	2,3	1,9	2,2	5,6
Cinzas	0,2	0,3	0,4	0,4	2,7
Extrato	60,0	70,0	63,0	65,0	59,8
Matérias azotadas	5,0	0,4	1,7	1,7	1,6
Celulose	3,6	2,0	2,0	2,0	2,0

O grão de sorgo contém maioritariamente amido, um composto através do qual este cereal é valorizado para possível utilização na indústria das bebidas, uma vez que é degradado para obter açúcares, que são depois fermentados para obter bebidas alcoólicas. Cerca de 80% do grão de cereal é composto principalmente por hidratos de carbono, sendo o amido a maior proporção.

1.6. Variedades de sorgo cultivadas em Cuba

Em Cuba, o sorgo tem uma grande aceitação entre os pequenos produtores de cereais, devido, entre outras razões económicas, à introdução e generalização de variedades de sorgo mais adaptadas aos diferentes ecossistemas onde se realiza a produção de cereais, às amplas possibilidades de incluí-lo no esquema de rotação anual, especialmente em conjunto com o arroz, e à viabilidade de utilizá-lo na produção complementar para consumo animal e humano (Diaz, 2014). No país existem muitas variedades de sorgo, sendo a UDG-110 a mais cultivada devido à sua elevada utilização na indústria para a produção de pão integral, biscoitos, gofio coto substituto da farinha de trigo, y no fabrico de pão macio, biscoitos, doces y bebidas substituindo parcialmente a farinha de trigo y cevada (Chaviano, 2005). A variedade de sorgo vermelho CIAP R-132 também é cultivada, embora em menor escala (Nieblas et al., 2016).

1.7. Bebidas à base de sorgo

1.7.1. Cerveja

Sabe-se que a cerveja tem muitas variantes com uma vasta gama de tonalidades devido aos diferentes métodos de fabrico e ingredientes utilizados. É geralmente de cor âmbar, com tonalidades que vão do amarelo dourado ao castanho avermelhado, passando pelo preto opaco. Contém dióxido de carbono (CO_2) dissolvido, que se manifesta sob a forma de bolhas à pressão ambiente, e é geralmente coroada por uma espuma mais ou menos persistente, com um aspeto cristalino ou turvo (Lyumugabe, Gros, Nzungize, Bajyana, & Thonart, 2012).

1.7.2. Etanol

Pode ser obtido através de dois processos de fabrico: a fermentação ou decomposição de açúcares contidos em diferentes frutos e a destilação, que consiste na purificação de bebidas fermentadas. Na China, o álcool é produzido a partir do sorgo, onde a indústria das bebidas alcoólicas é um dos principais consumidores de grãos de sorgo (L. Rodriguez, 2010).

1.7.3. Maltina

Nome de uma bebida alimentar nutritiva obtida a partir de um mosto preparado com grãos maltados, previamente submetido a um processo de cozedura e aromatizado com ou sem flores de lúpulo. Difere da cerveja pelo facto de não ser submetida a fermentação, razão pela qual é considerada uma bebida não alcoólica (Ozuna, 2008).

1.8. Características e identidade da maltina

As principais características que identificam um malte são (Ozuna, 2008):

Cor: É determinada pelas matérias-primas, nomeadamente o malte, que deve ser torrado, uma vez que a cor do mosto determina a cor do produto, juntamente com a adição de corante caramelo.

Espuma: deve apresentar uma espuma estável. A formação da espuma depende do teor de dióxido de carbono das proteínas que a maltina acaba por conter em suspensão.

Brilho: o malte deve ser brilhante. A turvação de um malte pode dever-se a deficiências na filtração, contaminação microbiológica por bactérias ou leveduras selvagens, presença de proteínas pesadas que não foram removidas durante o processo de colagem, desgaseificação ou contaminação por oxigénio devido a fissuras na cobertura, reacções fotoquímicas devido a uma exposição excessiva à luz solar.

Especificações de qualidade: a maltina deve especificar o complexo vitamínico, constituído pelas vitaminas B-1 e B-6, as proteínas, o valor calórico, o teor de minerais, o Brix, etc.

1.9. Visão geral do processo de produção de maltina

O processo de produção da maltina é semelhante ao da cerveja, com diferenças na última fase de produção da cerveja, que é a fermentação, uma vez que, como referido anteriormente, a maltina não necessita da fase de fermentação. Neste processo, o malte de sorgo é primeiramente moído sem ser transformado em farinha, ou seja, não é pulverizado, obtendo-se uma textura de pó granulado (Diaz, 2014). Segue-se a fase de brassagem, na qual o malte é cozinhado a diferentes temperaturas. De seguida, é filtrado para extrair todo o líquido e lavado para dissolver os grãos de açúcar. O licor é então cozinhado, onde são adicionadas as restantes matérias-primas, como o lúpulo, o corante caramelo e o açúcar bruto. Uma fase final do processo seria o arrefecimento do licor e a subsequente clarificação, e depois a carbonatação e finalmente o armazenamento a frio (Gonzales & Ozuna, 2007).

1.10. Tecnologia estabelecida para a produção de maltina a partir de sorgo

Atualmente, existe uma tecnologia bem definida para a obtenção de maltina a partir do sorgo, referenciada em (Ozuna, 2008) (Diaz, 2014) da Universidade Central "Marta Abreu" de Las Villas, que consiste nas seguintes etapas: Maltagem (seleção, demolha, germinação y secagem); Moagem; Maceração; Filtração; Cozedura o Ebulição; Clarificação; Arrefecimento y Carbonatação. As principais características de cada uma destas fases são descritas de seguida.

1.10.1. Maltagem

A maltagem é um processo aplicado aos grãos de cereais, no qual os grãos são germinados e secos rapidamente após o desenvolvimento da planta. O malte é utilizado para o fabrico de cerveja, whisky e/ou maltina. Os grãos maltados desenvolvem as enzimas que são depois necessárias para converter o amido do grão em açúcares mais simples. A cevada é o cereal mais frequentemente maltado devido ao seu elevado teor de enzimas. Outros cereais podem ser maltados, embora o malte resultante possa não ter um teor suficiente de enzimas para converter total e eficientemente o seu próprio teor de amido (Owuama & Adeyemo, 2009).

As enzimas podem ser encontradas em forma industrial tai y como são utilizadas atualmente, mas também podem ser obtidas devido a alterações que ocorrem num grão germinado. Assim, os agentes enzimáticos são utilizados na utilização de malte de grãos germinados como a cevada, o trigo, o sorgo, o centeio, etc.

O interesse fundamental da maltagem é obter um grão que germine fácil e uniformemente. A germinação uniforme o sincronizada é muito difícil se os grãos não forem uniformes em tamanho, em parte porque os grãos maiores molham mais lentamente do que os mais pequenos. Além disso, é necessário que os grãos a serem maltados não tenham germinado antes da colheita e que nenhum dos grãos tenha morrido devido à secagem após a colheita em circunstâncias insatisfatórias. A maltagem exige que mais de 98% dos grãos apresentem a cápsula radicular. A maltagem exige também um baixo teor de proteínas, entre 9 e 11,5% (Solange, Georgette, Gilbert, Marcellin, & Bassirou, 2014). A ideia de que um menor teor de amido pode também estender-se à casca significa que a maltagem procura um grão com um baixo teor de proteínas y com poca casca. Por último, a maltagem visa igualmente garantir o bom desempenho do malte na sua utilização posterior, quer se trate de fabrico de cerveja, de malteação ou de produção de etanol, devendo ter uma dotação enzimática satisfatória para que a extração não constitua um problema. Por outro lado, o mosto deve ser facilmente separado do grão gasto y em relação a isso, o grão deve ser pobre em certas gomas Hamada beta-glucanas (Kayode, Hounhouigana, Nout, & Niehof, 2007).

Em estudos anteriores sobre a maltagem do sorgo (Carvajal, 2014) (Y. Diaz, 2014) (Gallardo et al., 2013), foi demonstrado que a qualidade do sorgo é responsável pelo seu comportamento de maltagem, que depende de vários factores, por exemplo, se foi colhido corretamente, se foi fertilizado com produtos químicos que influenciaram o período de sementeira e se foi previamente seco para eliminar insectos e fungos.

A maltagem corresponde às primeiras fases da germinação e o seu objetivo é a germinação controlada através da qual são produzidas enzimas (amilase, beta-glucanases e proteases) para hidrolisar os materiais de reserva. O processo de maltagem consiste nas seguintes etapas (Gallardo et al., 2013) (Ozuna, 2008):

Seleção

Esta fase é essencial para que o grão não chegue ao processo de germinação com uma carga microbiana elevada, pelo que é necessário controlar a humidade e o teor de proteínas.

Armazenamento

Os grãos são mais estáveis quando secos e mantidos a baixa temperatura. Se tiverem sido colhidos com um teor de humidade superior a 15%, são normalmente secos. O processo de secagem deve ser efectuado de modo a que a planta embrionária contida em cada grão permaneça viável, pelo que é necessário evitar a utilização de temperaturas demasiado elevadas, enquanto que para aumentar a secagem é necessário utilizar um aumento da velocidade do fluxo de ar e um aquecimento gradual do ar. Se o grão estiver húmido, é facilmente atacado por insectos e fungos que provocam a sua deterioração. O metabolismo dos insectos e fungos, quando se estabelece, produz água e aumenta a temperatura localmente, o que favorece a propagação da infeção (Ortega, 2016).

Imersão

Normalmente, os lotes de grãos limpos são introduzidos num tanque de maceração parcialmente cheio de água a cerca de 15 °C. O conteúdo do tanque é intensamente arejado através da insuflação de ar através da água de maceração, utilizando tubos perfurados o por sucção, atingindo assim os 100% de ar necessários. O conteúdo do tanque é intensamente arejado através do sopro de ar através da água de maceração utilizando tubos perfurados o por sucção, atingindo assim os 100% de ar necessários. A maioria dos tanques de imersão são tanques verticais com uma altura de poca y fundo de piano. Isto permite a criação de condições aeróbicas na água de maceração. O teor de água dos grãos aumenta rapidamente a partir do momento da imersão, mas a taxa de aumento do teor de água diminui gradualmente. A velocidade de reumidificação depende das condições de crescimento do grão, da variedade e do tamanho do grão e da temperatura da água. É também consideravelmente influenciada pelos danos mecânicos que os grãos possam ter sofrido durante a demolha. A demolha é interrompida por escorrimento ao fim de 12 a 24 horas. Cada grão permanece coberto por uma película de água através da qual o oxigénio do ar circundante se pode dissolver. Esta condição é conhecida como repouso do ar. Quando o grão é demolhado, a água penetra através da casca y da cobertura do fruto, y entra no grão através da micrópila (Ortega, 2016).

O embrião absorve a água rapidamente, enquanto que o endosperma hidrata-se mais lentamente. Qualquer rutura da casca ¯ dos revestimentos dos frutos ¯ da semente facilita a humidificação do endosperma ¯ do embrião e, evidentemente, a saída de substâncias solúveis do endosperma. Este é um dos factores que contribuem para as perdas durante a maltagem; outro é a respiração do embrião, que consome as reservas de nutrientes, libertando energia, dióxido de carbono e água. A respiração aumenta significativamente quando o embrião é ativado, o que cria uma necessidade de oxigénio na água de maceração (A. Perez et al., 2010). Na ausência de oxigénio, o embrião pode metabolizar anaerobicamente as reservas, mas de uma forma energeticamente ineficaz, convertendo-as em dióxido de carbono e álcool. À medida que a concentração de álcool aumenta, a sua toxicidade aumenta, pelo que é necessário mudar a água de demolha de vez em quando.

No caso do sorgo, o tempo de demolha é mais longo, dependendo das condições físicas do sorgo, da colheita e do teor de humidade inicial (Gonzales & Ozuna, 2007).

Germinação

A maceração é normalmente concluída em dois dias. Nas técnicas modernas de maltagem, os grãos dão sinais claros no final do processo de maltagem de que começaram a germinar, sendo então transferidos para o equipamento de germinação. Na maioria dos casos, o teor de humidade é de cerca de 42 % e mantém-se constante durante a fase de germinação (Bernal, Perez, & Delgado, 2015).

Os equipamentos modernos permitem a germinação em três ou quatro dias. O tipo mais comum de germinador é uma caixa com uma base retangular ou circular e um fundo falso perfurado. Sobre o fundo falso é colocado um leito de malte com uma profundidade de 1 a 1,5 metros. Através da cama, geralmente de baixo para cima, passa um fluxo de ar saturado de água a cerca de 15 °C, assegurando assim a disponibilidade de oxigénio para os embriões, a remoção de dióxido de carbono e a manutenção de uma temperatura constante em toda a cama. Para evitar o enraizamento, um virador mecânico separa os grãos em germinação, o que também ajuda a arejar e a manter uma temperatura uniforme (Y. Diaz, 2014).

Por vezes, é utilizado um único recipiente para a demolha e a germinação, evitando assim a transferência de grãos, mas frequentemente os tanques de demolha são colocados acima dos tanques de germinação. Do ponto de vista fisiológico, existe uma continuidade entre a demolha e a germinação. O crescimento embrionário começa durante a embebição, pois as reservas de nutrientes imediatamente disponíveis são limitadas, sendo necessário mobilizar as do endosperma (Nieblas et al., 2016). Só isso seria insuficiente para atender às necessidades do embrião em rápido crescimento. Estas são apoiadas pela mobilização da camada de aleurona, que produz enzimas a partir de precursores complexos ou de aminoácidos. Esta mobilização é desencadeada por outras hormonas vegetais, as giberelinas, que são segregadas pelo embrião e se difundem na aleurona. A degradação enzimática do endosperma processa-se assim da extremidade embrionária do grão para a extremidade distal do grão, ou seja, das camadas exteriores para as interiores. O enfraquecimento físico da estrutura do endosperma e as degradações bioquímicas são designados coletivamente por "desaglomeração". As amêndoas maltadas podem, por conseguinte, ser classificadas como subdesagregadas, desagregadas ou sobredesagregadas, consoante a extensão desta degradação enzimática (Ramatoulaye et al., 2016).

Trabalhos anteriores (Chaviano, 2005) (L. Rodriguez, 2010) (Leyanis Rodriguez et al., 2015) (Nieblas et al., 2016) constataram que a taxa de germinação é altamente dependente da qualidade do grão e das condições em que se encontra.

Secagem

O objetivo da secagem é remover a humidade, impedir o crescimento e a modificação, obter um produto estável que possa ser armazenado e transportado, preservar as enzimas, desenvolver e estabilizar as propriedades de sabor e cor, remover sabores indesejáveis, inibir a formação de compostos químicos indesejáveis e secar os rebentos para permitir a sua remoção (Ramatoulaye et al., 2016).

O processo de germinação é interrompido pela secagem dos grãos de malte. Nesta fase, estão disponíveis diferentes opções; pode obter um malte não muito desagregado (malte LAGER), mais desagregado (ALE) para a produção de cerveja ou um malte muito desagregado para utilização em destilarias ou na produção de vinagre. Também é possível escolher diferentes processos de secagem; a desidratação prolongada y a baixas temperaturas dá origem a malte claro, com elevado teor de enzimas intactas, enquanto a desidratação rápida y a altas temperaturas dá origem a maltes escuros, deficientes em atividade enzimática (Y. Diaz, 2014). Numerosos factores afectam a desidratação do grão, incluindo (Ortega, 2016):

- O volume de ar que passa através do leito de grãos.
- A profundidade da cama.
- O peso da água a retirar do leito de grãos.

- A temperatura do ar utilizado para a desidratação.

A desidratação começa a temperaturas de 50-60 °C, que inicialmente aquecem o secador e o leito de grãos. Posteriormente, as camadas superiores começam a desidratar-se e o teor de água dos grãos começa a diminuir gradualmente do fundo para a superfície do leito de grãos. Nesta fase de desidratação livre, a água é removida dos grãos sem restrições e, por razões económicas, o fluxo de ar é ajustado de modo a que a sua humidade relativa seja de 90-95% no ar na extremidade de saída (Ozuna, 2008). Quando cerca de 60% da água tiver sido removida, a desidratação subsequente é dificultada pela natureza da água residual. Neste ponto de rutura, a temperatura do ar de entrada é aumentada e o caudal é reduzido. A estabilidade térmica das enzimas é agora mais elevada do que quando o malte continha 45 % de água. Quando o teor de água atinge 12 %, toda a água remanescente no grão está ligada, pelo que a temperatura do ar de entrada é aumentada para 65 - 75 °C e o caudal é ainda mais reduzido (Elgorashi, Elkhalifa, & Sulieman, 2016). A remoção da água é lenta y por razões económicas, grande parte do ar é recirculado. Finalmente, com uma humidade de 5 a 8%, dependendo da variedade do grão, a temperatura do ar de entrada é aumentada para 80 a 100 °C, até se atingir a cor e a humidade pretendidas. Os maltes Lager típicos são secos até um teor de humidade de 4,5%, mas os maltes Ale são desidratados até um teor de água de 2-3% (Carvajal, 2014).

Uma vez efectuado o processo de maltagem, procede-se ao processo de produção da maltina, que consiste em cinco etapas o processo fundamental (Ozuna, 2008):

- Moagem de cereais.
- Maceração
- Filtragem.
- Cozedura do licor.
- Arrefecimento y clarificação.

1.1.2. . Moagem
O grão é triturado em moinhos para quebrar o endosperma, mas sem triturar as glumelas.

1.1.3. . Maceração
O objetivo desta fase é realizar a clivagem o hidrólise do amido em maltose, que é mais facilmente convertida na forma mais simples de açúcar, a glicose, pela ação de enzimas (Nieblas et al., 2016).

Nesta fase, os grãos moídos são misturados com água, previamente aquecida. Neste equipamento realiza-se a maceração por infusão, procurando obter uma mistura homogénea, sem grumos, a partir da qual se inicia o processo de extração enzimática. A temperatura e o tempo são dois factores essenciais a controlar, uma vez que os escalões de temperatura e as pausas em momentos específicos garantem a transferência de todas as substâncias importantes para o mosto. Neste processo, os amidos do malte são convertidos em açúcares fermentáveis, sendo muito importante a dissociação das proteínas e dos fosfatos orgânicos, que têm uma influência significativa na acidez do mosto (Y. Diaz, 2014). Para todas as fases, a temperatura é aumentada num intervalo de tempo de 15 minutos e mantida durante 30 minutos. Primeiro, a temperatura é aumentada para 38 °C, conhecida como a temperatura de acidificação, para ativar os fosfatos orgânicos, baixando assim o pH. Subsequentemente, a temperatura é aumentada para 55-60 °C, a temperatura a que ocorre a proteólise para degradar as proteínas em proteínas mais simples y aminoácidos. No processo de maceração, ocorre a conversão das substâncias amiláceas. Este processo é conhecido como sacarificação, que se divide em dois processos, primeiro a 63 °C, activando a enzima p-amilase, que transforma os amidos em açúcares fermentáveis, e depois a 65 °C, onde a enzima a-amilase é activada, transformando os amidos em açúcares y dextrinas. O processo de clivagem do amido envolve a hidrólise ou sacarificação dos pontos de ligação (ligações) das moléculas de glucose, produzindo uma mistura de maltose e dextrinas em açúcares fermentáveis (Reyes, 2013).

1.1.3.1. . Parâmetros a verificar durante a maceração

Independentemente do nome pelo qual é conhecida, esta técnica é uma das operações mais antigas da indústria química. Na indústria alimentar e farmacêutica, é utilizada para recuperar substâncias importantes, como flavonóides e carotenos, ou para remover substâncias indesejáveis, como contaminantes e toxinas. Em todos os casos, a extração ocorre como resultado do efeito da seletividade do solvente em relação ao soluto. Do ponto de vista industrial, é necessário avaliar alguns factores que influenciam a taxa de extração (Taylor & Dewar, 1994) (Ozuna, 2008) (Gallardo et al., 2013):

- **Temperatura**

É geralmente preferível macerar à temperatura mais elevada possível, uma vez que tal resulta numa maior solubilidade do soluto no solvente e, consequentemente, é possível obter concentrações finais mais elevadas na decocção macerada.

- **Grau de esmagamento**

O grau de trituração da substância sólida tem uma influência considerável na taxa de maceração, uma vez que a trituração aumenta a superfície de contacto entre as fases y também reduz o percurso da substância que se difunde do fundo dos poros para a superfície do material sólido. No entanto, à medida que o grau de maceração aumenta, o consumo de energia aumenta, e deve também notar-se que a maceração envolve normalmente uma filtragem subsequente, que se torna mais difícil à medida que a dimensão das partículas diminui.

- **Superfície de contacto**

A superfície de contacto acessível do componente a extrair, para a sua interação com o solvente, é deslocada para o fundo dos poros do material sólido. Este facto conduz a uma diminuição considerável da taxa de maceração, quando este parâmetro é limitado pela velocidade de difusão interna desde o fundo do grão ou partícula até à sua superfície.

- **Escolha do solvente**

A seleção do solvente baseia-se em vários factores, incluindo o custo e a toxicidade, a seletividade e a capacidade de dissolução, bem como a tensão interfacial, a viscosidade, a estabilidade e a reatividade. A utilização da água como solvente elimina as dificuldades de toxicidade e tratamento de outros solventes orgânicos. A química dos sistemas naturais é baseada na água, pelo que é muito comum utilizar este solvente barato e pouco perigoso. Os investigadores nesta área descobriram que as reacções em água podem otimizar as interacções hidrofóbicas, alcançando elevadas selectividades. O efeito acelerador da água é devido a vários factores, incluindo o efeito hidrofóbico acima mencionado, bem como as ligações de hidrogénio entre as moléculas de água e os reagentes.

- **Agitação de líquidos com comichão**

Permite reduzir a espessura da camada limite difusiva e distribuir uniformemente as partículas sólidas na mesma, oferecendo a possibilidade de acelerar consideravelmente a maceração.

1.1.4. . Filtragem

O processo de extração, em que o mosto límpido e o farelo são separados por lixiviação, é conseguido através da recirculação do mosto até se obter um líquido límpido, separando assim as cascas e os resíduos do mosto limpo. Esta primeira porção é designada por primeiro extrato sem necessidade de adicionar água, seguido de uma segunda porção em que se adiciona água quente ao farelo para recuperar o máximo de açúcares contidos neste substrato (Bernal et al., 2015). Uma vez terminado o processo de extração, o farelo, rico em nutrientes, é bombeado para o tanque de receção e comercializado como alimento para animais.

1.1.5. . Cozinhar e ferver

Uma vez filtrado, o mosto é fervido a 100 °C para inativar as enzimas do mosto, esterilizar o mosto, solubilizar e isomerizar as substâncias amargas do lúpulo, especialmente os alfa-ácidos que formam complexos tanino-proteína solúveis a altas temperaturas e insolúveis a temperaturas mais baixas, e concentrar o mosto, uma vez que é adicionada água adicional ao processo por lavagem na cuba, que é removida por evaporação. Durante o processo de ebulição, são adicionados ao mosto lúpulo amargo, açúcar refinado, corante caramelo e lúpulo aromático (Solange et al., 2014).

1.1.6. . Esclarecimento

O mosto fervido é enviado para um tanque de decantação equipado com uma camisa para arrefecê-lo y proceder à sua clarificação, favorecendo assim a sedimentação de materiais coagulados (proteínas, aminoácidos, p-glucanos, amido, etc.) y a clarificação subsequente da maltina obtida (Maoura & Pourquie, 2009).

1.1.7. . Arrefecimento y saturação de dióxido de carbono .

Uma vez clarificada, a maltina é enviada para um recipiente equipado com uma serpentina, onde é arrefecida a temperaturas de 0 - 2 °C, e depois injectada com dióxido de carbono (CO_2) num processo conhecido como carbonatação (Y. Diaz, 2014).

1.11. Visão geral da conceção de processos tecnológicos

Em engenharia, a conceção pode ser definida como a criação de um sistema, componente ou processo que satisfaz uma necessidade. O bom funcionamento de uma futura fábrica de produtos químicos ou de um processo energético dependerá sempre da sua conceção. O processo de tomada de decisão envolvido neste processo deve basear-se num conhecimento correto das matérias-primas a utilizar, das tecnologias que podem ser utilizadas, do preço, da qualidade dos produtos, da poluição do ambiente, bem como no controlo de um conjunto de variáveis de conceção e económicas que afectam a competitividade futura do processo concebido (Towler & Sinnott, 2008). Como definido anteriormente, foram realizados estudos na Universidade Central de Las Villas em várias escalas, principalmente à escala laboratorial (2 L) e à escala piloto (1 hL), para a produção de maltina a partir de sorgo, especificamente o tipo branco UDG-110, estabelecendo um procedimento tecnológico adequado para este tipo de processo químico (Ozuna, 2008) (Y. Diaz, 2014). No entanto, não foram realizados estudos económicos à escala para a obtenção de maltina totalmente a partir de sorgo vermelho CIAP R-132, pelo que não se sabe que indicadores económicos serão obtidos através da simulação de uma instalação de produção deste tipo utilizando simuladores de processos profissionais.

1.12. Aspectos fundamentais da simulação de processos

Para explicar a simulação de processos em engenharia química, é necessário começar por abordar a história da simulação, depois a sua definição e os domínios que abrange. Nas primeiras etapas, a simulação de processos baseava-se principalmente em circuitos analógicos, utilizando os fenómenos de analogia. De facto, a teoria dos sistemas mostra que vários princípios físicos têm associados modelos matemáticos equivalentes o isométricos. Por exemplo, certos circuitos eléctricos, circuitos hidráulicos, processos de transferência de matéria coto energia o quantidade de movimento, são descritos pelo mesmo conjunto de equações diferenciais.

Consequentemente, poderia ser conveniente analisar (simular analogicamente) o comportamento de um sistema (processo químico) observando a evolução das variáveis "equivalentes" num circuito elétrico (cujo modelo é equivalente -isomórfico - ao processo estudado), uma vez que são facilmente mensuráveis. Posteriormente, com a utilização maciça do computador digital e a revolução provocada pela informática em todos os domínios da engenharia, assistiu-se a uma lenta evolução da simulação analógica para a digital, tendo a primeira praticamente desaparecido em muitas aplicações (Valle, 2013) (E. J. Perez, 2016).

Como é sabido, o computador é utilizado para cálculos de engenharia há apenas algumas décadas. Em particular, um computador caracteriza-se simplesmente pelo facto de efetuar cálculos rapidamente após ter sido programado. Armazena, manipula e dá acesso rápido a enormes quantidades de informação, ao mesmo tempo que permite efetuar manipulações simbólicas. Independentemente da forma como isto é conseguido, o que importa no nosso caso é compreender as consequências, ou seja, as implicações deste fenómeno no campo da engenharia. Em 1974, surgiu o primeiro simulador de processos químicos (FORTRAN). Desde então, uma sucessão de desenvolvimentos levou à existência de vários simuladores comerciais eficientes, tais como o SPEED UP, ASPEN PLUS, SuperPro Designer, HYSYM, HYSYS, ChemCAD, etc. (Scenna, 1999).

1.13. Classificação dos métodos de simulação

Uma tarefa de simulação pode ser considerada como aquela em que determinados valores de entrada são inseridos no simulador o programa de simulação para obter determinados resultados o valores de saída, estimando assim o comportamento real do sistema nessas condições. As ferramentas de simulação podem ser classificadas de acordo com vários critérios, por exemplo, de acordo com o tipo de processo (descontínuo o contínuo), se envolve tempo (estacionário o dinâmico - incluindo equipamento descontínuo -), se lida com variáveis estocásticas o determinísticas, variáveis quantitativas o qualitativas, etc. De seguida, serão descritas sucintamente as características dos diferentes tipos de ferramentas de simulação geralmente utilizadas (Law, 2011).

1.13.1. Simulações estacionárias

A simulação em estado estacionário consiste em resolver os balanços de um sistema sem envolver a variável tempo. Se o modelo pretender estudar as variações das variáveis de interesse com coordenadas espaciais, tratar-se-á de um modelo de parâmetros distribuídos. Um exemplo seria a variação radial da composição num prato de uma coluna de destilação, a variação das propriedades com o comprimento e o raio num reator tubular, etc. Nos simuladores comerciais, são geralmente utilizados modelos de parâmetros concentrados.

1.13.2. Simulaciondinamica

Por outro lado, a simulação dinâmica considera os balanços na sua dependência do tempo, quer para representar o comportamento de um equipamento descontínuo, quer para analisar a evolução que ocorre na transição entre dois estados estacionários para um equipamento ou uma instalação completa. Neste caso, o modelo matemático será constituído por um sistema de equações diferenciais ordinárias cuja variável diferencial é o tempo, no caso de modelos com parâmetros concentrados. Caso contrário, deverá ser resolvido um sistema de equações diferenciais de derivadas parciais, abrangendo as coordenadas espaciais e temporais (parâmetros distribuídos).

1.13.3. Simulação qualitativa

O principal objetivo da simulação qualitativa é o estudo das relações causais e das tendências temporais qualitativas de um sistema, bem como a propagação de perturbações através de um determinado processo. Chamamos aos valores qualitativos de uma variável, por oposição aos valores numéricos (quantitativos), o seu sinal, seja ele absoluto ou relativo a um determinado valor de referência. Por isso, em geral, trabalhamos com os valores coto (+, -, 0).

Existem vários domínios de aplicação da simulação qualitativa, por exemplo, análise de tendências, monitorização e diagnóstico de falhas, análise e interpretação de alarmes, controlo estatístico de processos, etc.

1.13.4. Simulação quantitativa

A simulação quantitativa, por outro lado, descreve o comportamento de um processo numericamente, utilizando um modelo matemático do processo. Isto é feito através da resolução dos balanços de matéria, energia e quantidade de movimento, juntamente com as equações de restrição que impõem aspectos funcionais e operacionais do sistema. A simulação quantitativa abrange principalmente a simulação em estado estacionário e em estado dinâmico.

Outras classificações

Do ponto de vista dos fenómenos ou sistemas em estudo, a simulação pode também ser classificada como determinística ou estocástica.

Um modelo determinístico é aquele em que as equações dependem de parâmetros y variáveis conhecidas com certeza, e não há incerteza ou leis de probabilidade associadas a elas. Em contrapartida, num modelo estocástico, certas variáveis estarão sujeitas a incertezas, que podem ser expressas por funções de distribuição de probabilidade

(Martinez, 2012).

1.13.5. Tipos de simuladores

Os simuladores de processos podem ser divididos nos seguintes tipos, consoante a filosofia sob a qual é proposto o modelo matemático que representa o processo a simular (Chung, 2008):

- Simuladores globais ou orientados para as equações (matemáticas)
- Simuladores modulares
- Simuladores híbridos o modular sequencial-simultâneo

Simuladores globais

São aqueles em que o modelo matemático que representa o processo é proposto por meio da elaboração de um grande sistema de equações algébricas que inclui todo o conjunto de o planta a ser simulada. Desta forma, o problema é traduzido na resolução de um grande sistema de equações algébricas, geralmente altamente não-linear. Entre as principais características desses simuladores estão as seguintes:

- Cada equipamento é representado pelas equações que o modelam. O modelo é a integração de todos os subsistemas.
- A distinção entre variáveis de processo e parâmetros operacionais desaparece, simplificando assim os problemas de conceção.
- Solução simultânea do sistema de equações algébricas (não lineares) resultante.
- Resolução das Equações introduzidas pelo utilizador que constituem o modelo do processo em estudo.
- É necessário definir o algoritmo de cálculo y utilizar métodos numéricos y técnicas avançadas de ordenação y decomposição de equações para encontrar a solução do problema matemático colocado.
- Maior velocidade de convergência.
- Mais difícil de utilizar por "não especialistas".

Dentro deste grupo de simuladores encontram-se: MATLAB, MATHEMATICA, GAMS, XPRES, etc. ((Scenna, 1999).

Simuladores modulares

Estes baseiam-se em módulos de simulação independentes que seguem aproximadamente a mesma filosofia das operações unitárias, ou seja, cada equipamento: bomba, válvula, permutadores, etc.; são modelados através de modelos específicos para os mesmos e, além disso, a direção da informação coincide com o "fluxo físico" na instalação. Conceitualmente, dentro desta filosofia, para cada módulo de simulação (equipamento) deve ser considerado um modelo matemático. As principais características são apresentadas a seguir (Scenna,

1999):

*   Modelos individuais resolvidos de forma eficiente.

*   Facilmente compreensível para engenheiros "não especialistas em simulação".

*   As informações introduzidas pelo utilizador (relacionadas com o equipamento atual) são facilmente verificadas e interpretadas.

*   Os problemas de conceção (seleção de parâmetros) são mais difíceis de resolver.

*   A dificuldade aumenta quando é colocado um problema de otimização (as caixas negras funcionam).

*   Não é muito versátil, mas é muito flexível, muito fiável e bastante robusto.

1.14. Vantagens e desvantagens da simulação de processos

De acordo com (Gonzalez, 2013), a simulação tem as suas principais vantagens e desvantagens:

Vantagens

*   Trata-se de um processo relativamente eficaz e flexível.

*   Pode ser utilizado para analisar y sintetizar uma situação real complexa e extensa, mas não pode ser utilizado para resolver um modelo de análise quantitativa convencional.

*   Em alguns casos, a simulação é o único método disponível.

*   Os modelos de simulação são estruturados para resolver problemas transcendentes em geral.

*   As directivas precisam de saber сото é avançado y que opções são atractivas; a diretiva com a ajuda do computador pode obter várias opções de decisão.

*   A simulação não interfere com os sistemas do mundo real.

*   A simulação permite estudar os efeitos interactivos dos componentes individuais o variáveis para determinar os mais importantes.

*   A simulação permite a inclusão de complicações do mundo real.

Desvantagens

*   Um bom modelo de simulação pode ser bastante dispendioso; muitas vezes o processo de desenvolvimento de um modelo é longo e complicado.

*   A simulação não gera soluções óptimas para problemas de análise quantitativa, em técnicas como a quantidade de encomendas económicas e a programação linear. Por tentativa e erro, são produzidos resultados diferentes em repetidas execuções no computador.

*   As directivas geram todas as condições e restrições para analisar as soluções. O modelo de simulação não produz respostas por si só.

*   Cada modelo de simulação é único. As soluções e inferências não são normalmente

transferíveis para outros problemas.

- Haverá sempre variáveis que não serão tidas em conta y essas variáveis (se houver azar) podem alterar completamente os resultados na vida real que a simulação não prevê... em engenharia "minimiza-se os riscos, não os evita".

1.14.1. Características dos principais simuladores de processos químicos

ASPEN PLUS

Desenvolvido pela Aspen Technology, Inc., o ASPEN PLUS é um simulador estacionário, bem como um simulador sequencial modular (nas últimas versões permite a estratégia orientada por equações). Orientado para a indústria de processos, química e petroquímica, modela e simula qualquer tipo de processo para o qual exista um fluxo contínuo de materiais e energia de uma unidade de processo para outra.

Este simulador permite:

- Regressão de dados experimentais.

- Conceção preliminar de diagramas de fluxo utilizando modelos simplificados de equipamentos.

- Efetuar balanços materiais e energéticos rigorosos utilizando modelos de equipamento detalhados.

- Dimensionamento de peças-chave de equipamento.

- Otimização em linha de unidades de processo ou instalações completas.CHEMCAD.

- Desenvolvido pela Chemstations, o CHEMCAD evoluiu com a indústria. Acreditamos no valor que os engenheiros químicos trazem para o mundo moderno e dedicamo-nos a fornecer ferramentas que ajudam a avançar no domínio da engenharia de processos. É composto por:

- CC-STEADY STATE: Ideal para: Utilizadores que pretendam desenhar processos, o processos existentes, do tipo steady-state.

- CC-DYNAMICS: Ideal para: Utilizadores que pretendam conceber processos o tipo dinâmico.

- CC-THERM: Ideal para: conceção de um permutador de calor (uma unidade de cada vez), y aqueles que querem permutadores do tipo existente num novo serviço o realizar.

- CC-SAFETY NET: Combina o mais recente cálculo de dispositivo de alívio de duas fases, cálculo rigoroso de queda de pressão, cálculo rigoroso de propriedades físicas e cálculo rigoroso de equilíbrio de fases para fornecer respostas rápidas e precisas. Ideal para: Utilizadores que necessitam de projetar redes o tipo de tubagem o dispositivos de segurança y sistemas.

- CC-FLASH: Software de cálculo de propriedades físicas e de equilíbrio de fases que é um subconjunto do conjunto CHEMCAD (todos os produtos do conjunto CHEMCAD incluem capacidades CC-FLASH).

- CC-BATCH: Ideal para: Utilizadores que necessitam de dados de propriedades e de equilíbrio de fases, bem como utilizadores que necessitam de previsão e regressão de propriedades.

HYSYS

O HYSYS é um software utilizado para simular processos dinâmicos e em estado estacionário, por exemplo, processos químicos, farmacêuticos, alimentares e outros.

Possui ferramentas que permitem estimar propriedades físicas, balanço de matéria e energia, equilíbrio líquido-vapor e a simulação de muitos equipamentos de engenharia química. Este simulador, nas suas versões mais recentes, permite utilizar o criar modelos de operadores. Os parâmetros de projeto coтo número de tubos de um permutador de calor, diâmetro do casco y número de pratos de uma coluna de destilação não podem ser calculados pelo HYSYS, é uma ferramenta que fornece uma simulação de um sistema descrito acima. O HYSYS pode ser utilizado como uma ferramenta de conceção, testando várias configurações do sistema para o otimizar.

Designer SuperPro

Desenvolvido pela Intelligen, Inc., é um dos mais abrangentes e conhecidos pacotes de desenho e simulação de processos, sendo um simulador muito versátil que pode satisfazer as necessidades dos engenheiros de uma grande variedade de indústrias, como a Biotecnologia, Farmacêutica, Química, Alimentar, Mineira, Tratamento de Águas Residuais, Controlo Ambiental, etc. Combina diferentes modelos de operações unitárias que permitem ao utilizador conceber e avaliar processos simultaneamente. É uma ferramenta muito útil para o desenvolvimento científico e de engenharia de produtos e processos. Permite o desenvolvimento, avaliação e otimização eficiente de tecnologias do ponto de vista ambiental. Tem uma interface desenvolvida num ambiente Windows de fácil utilização e os resultados podem ser exportados para folhas de cálculo compatíveis Excel, Lotus, etc. (Valle, 2013).

MATLAB

Desenvolvido pela MathWorks, o MATLAB (abreviatura de MATrix LABoratory) é uma ferramenta de software matemático que fornece um ambiente de desenvolvimento integrado (IDE) com uma linguagem de programação proprietária (linguagem M) e um serviço de espécies. Está disponível para as plataformas Unix, Windows, Mac OS X e GNU/Linux. As suas características básicas incluem: manipulação de matrizes, representação de dados e funções, implementação de algoritmos, criação de interfaces de utilizador (GUI) e comunicação com programas noutras linguagens e com outros dispositivos de hardware. O pacote MATLAB tem duas ferramentas adicionais que expandem as suas capacidades, nomeadamente o Simulink (plataforma de simulação multi-domínio) e o GUIDE (editor de GUI). Além disso, as capacidades do MATLAB podem ser alargadas com caixas de ferramentas; y As capacidades do Simulink podem ser alargadas com conjuntos de blocos.

É amplamente utilizado em universidades e centros de investigação e desenvolvimento. Nos últimos anos, tem aumentado o número de funcionalidades, como a capacidade de programar diretamente processadores de sinais digitais ou de criar código VHDL (Jalon, 2012).

Caixas de ferramentas y pacotes de blocos As funcionalidades do MATLAB estão agrupadas em mais de 35 caixas de ferramentas y pacotes de blocos (para o Simulink).

1.15. O simulador de processos SuperPro Designer.

O software de simulação permite simular vários processos e operações industriais num computador. Em muitos domínios, as indústrias química e petrolífera desenvolveram simuladores específicos. Entre os vários simuladores existentes, podemos dizer que o **SuperPro Designer^** é um dos mais relevantes atualmente, este tem sido utilizado para a simulação de vários processos industriais tendo uma grande eficácia (Intelligen, 2014).

O simulador é útil para melhorar novas concepções e modificar as operações existentes para garantir que o equipamento está a funcionar dentro das especificações. Um simulador não optimiza respondendo à pergunta "e se", que nos permite melhorar um projeto, ou fazer com que uma fábrica funcione melhor, ou melhorar a qualidade dos produtos fabricados, permitindo-nos analisar alternativas que estudaríamos sem o simulador. A simulação informática resolve este sistema de equações algébricas e/ou diferenciais.

1.16. Simulação de instalações químicas assistida por computador

A simulação de uma fábrica de produtos químicos envolve a criação de um modelo de processo, em que um modelo é entendido como uma descrição do comportamento de um processo real, capaz de prever a saída (respostas) em função das entradas. A simulação de processos para a avaliação de alternativas e mitigação de perdas num determinado processo terá um papel muito importante para o modelo final de otimização, uma vez que pode revelar em grande escala se um processo futuro pode dar resultados de sucesso ou não (Ruiz-Mercado & Cabezas, 2016).

Estas ferramentas podem ser utilizadas em todas as fases do desenvolvimento do processo, desde a conceção do processo até à operação e subsequente otimização da instalação

(Auli, Sakinah, Bakri, Kamarudin, & Norazian, 2013).

Os simuladores de processos oferecem a oportunidade de reduzir o tempo necessário para o desenvolvimento de processos. Permitem a comparação de alternativas de processos numa base consistente, de modo a que um grande número de ideias de processos possa ser sintetizado e analisado interactivamente num curto período de tempo.

Apesar de algumas diferenças previstas entre a simulação de processos e a operação da fábrica em tempo real, os simuladores de processos são normalmente utilizados para fornecer informações fiáveis sobre o funcionamento do processo, tendo em conta a sua extensa base de dados de componentes químicos, pacotes termodinâmicos e métodos computacionais avançados (Auli et al., 2013).

1.17. Análise técnico-económica. Cálculo do VAL, da TIR e do PRI.

Os conceitos fundamentais e as operações matemáticas necessárias para a análise económica de base são fundamentais para a conceção de processos. Os cálculos de rentabilidade são combinados com técnicas de investigação operacional, de modo a que cada alternativa avaliada no projeto possa ser obtida com um esforço justificável. Entre as técnicas mais utilizadas contam-se: o período de *retorno do investimento,* que dá uma indicação rápida do momento em que o investimento é atrativo; o retorno do investimento (ROI), que é muito utilizado em cálculos preliminares para se ter uma ideia da rentabilidade de um projeto. Além disso, são utilizados cálculos dinâmicos, que se baseiam no fluxo de caixa atualizado e têm grandes vantagens sobre o ROI, porque consideram o valor temporal do dinheiro, assumindo que os custos precedem as receitas (Baca, 2004).

A empresa acrescenta geralmente o custo do risco associado a cada projeto de investimento em função das suas características, medidas em termos de critérios empresariais, situação do mercado, experiência histórica e projeção. Atualmente, são recomendadas taxas de juro entre 10 e 15% para a indústria química (Dominguez, 1996).

Os métodos dinâmicos de análise de investimentos são os seguintes: Valor Atual Líquido (VAL), Taxa Interna de Rentabilidade (TIR) e Período de Recuperação do Investimento (PRI). Estes métodos complementam-se e não são mutuamente exclusivos, daí a conveniência de os aplicar em conjunto na prática (Perry & Green, 2008).

1.18. Indicadores-chave de processo para análise de sensibilidade

A análise de sensibilidade é uma ferramenta utilizada para estimar a contribuição dos factores de entrada para as variáveis de saída. Neste caso, o objetivo é determinar a variação possível da despesa inicial, dos fluxos de caixa e da taxa de desconto para que o investimento seja rentável. Esta análise é efectuada de acordo com o VAL y de acordo com a TIR. A análise de sensibilidade para determinar a rentabilidade de um investimento, pode-se dizer que é uma análise financeira que é essencial para medir o desempenho do negócio e para identificar os problemas que podem surgir (Martin, 2016).

Um estudo financeiro avalia o projeto tendo em conta um grande número de hipóteses para cada uma das variáveis envolvidas na análise, que, no seu conjunto, formam o cenário "mais provável", ou seja, o cenário de base. Por conseguinte, as conclusões obtidas são sempre válidas à luz destes pressupostos, o que lhes confere um elevado grau de rigidez. Por outras palavras, o resultado do estudo financeiro é estático, na medida em que não permite, por si só, tirar conclusões comparativas, para além da aceitabilidade do projeto segundo os critérios adoptados. Com o objetivo de obter o máximo de informação de base para formular uma decisão de investimento numa base mais sólida, esta secção desenvolverá uma análise de sensibilidade, que permitirá medir as alterações nos resultados da avaliação face a alterações nas variáveis que compõem o fluxo de fundos. O objetivo é aprofundar o estudo, conferindo-lhe um carácter de estática comparativa (Moran, 2015).

Em primeiro lugar, serão resumidas algumas considerações metodológicas a ter em conta na análise. Em segundo lugar, a estrutura do fluxo de fundos será delineada de modo a identificar as variáveis mais relevantes a serem estudadas. Em terceiro lugar, será desenvolvida a sensibilização unidimensional destas variáveis. Em quarto lugar, será desenvolvido um modelo de sensibilização bidimensional para medir os efeitos de alterações simultâneas em duas variáveis (Towler & Sinnott, 2008).

Numa análise de sensibilidade simples, cada parâmetro é variado individualmente e o resultado é uma compreensão qualitativa dos parâmetros que têm o maior impacto na viabilidade do projeto. Numa análise de risco mais formal, são utilizados métodos estatísticos para examinar o efeito da variação de todos os parâmetros simultaneamente e determinar quantitativamente a gama de variabilidade dos critérios económicos, permitindo ao engenheiro do projeto estimar o grau de fiabilidade dos critérios económicos escolhidos (Perry & Green, 2008).

1.19. Indicadores económicos para a avaliação de propostas de investimento (VAL, TIR, IRR, PRI)

A engenharia económica, na sua forma mais geral, pode ser definida como um conjunto de técnicas matemáticas que simplificam as comparações económicas. Com a ajuda destas técnicas, pode ser desenvolvido um procedimento compreensível e racional para avaliar os aspectos económicos de diferentes métodos propostos. Como critério de avaliação para comparar esses métodos na engenharia económica, o dinheiro é utilizado como critério principal.

O valor atual líquido, também conhecido como valor atual líquido *(VAL)*, é um procedimento para calcular o valor atual de um determinado número de fluxos de caixa futuros resultantes de um investimento. A metodologia consiste em descontar todos os fluxos de caixa futuros do projeto para o momento presente (ou seja, descontar a uma taxa). A este valor é subtraído o investimento inicial, pelo que o valor obtido é o valor atual líquido do projeto (Baca, 2004).

O método do valor atual é um dos critérios económicos mais utilizados na avaliação de projectos de investimento. Consiste em determinar a equivalência no tempo 0 dos fluxos de caixa futuros gerados por um projeto e comparar essa equivalência com o desembolso inicial. Quando esta equivalência é superior à despesa inicial, recomenda-se a aceitação do projeto.

A fórmula que nos permite calcular o Valor Atual Líquido é (Baca, 2004):

$$VAN = \sum_{t=1}^{n} \frac{V_t}{(1+k)^t} - I_0$$

Onde:

- Vt - fluxos de caixa em cada período t.
- *Io* - valor do desembolso inicial do investimento.
- *n* - número de períodos considerados.
- *κ* - tipo de interesse.

Se o projeto não tiver risco, a taxa de rendimento fixo será utilizada como referência, pelo que o VAL será utilizado para estimar se o investimento é melhor do que investir em algo seguro, sem risco específico. Noutros casos, é utilizado o custo de oportunidade. Quando o VAL assume um valor igual a 0, *κ* é designado por TIR *(Taxa Interna de Rentabilidade)*. A TIR é a rentabilidade que o projeto nos está a proporcionar (Martin, 2016).

A **taxa interna de rendibilidade** o taxa interna de rendibilidade (TIR) de um investimento é a média geométrica das rendibilidades futuras esperadas desse investimento, y o que implica, aliás, a hipótese de uma oportunidade de "reinvestimento". Em termos simples, vários autores conceptualizam-na como como a taxa de desconto à qual o valor atual líquido o valor atual líquido (VAL o VAL) é igual a zero.

A TIR pode ser utilizada como indicador da rentabilidade de um projeto: quanto mais elevada for a TIR, maior será a rentabilidade, pelo que é utilizada como um dos critérios para decidir sobre a aceitação ou rejeição de um projeto de investimento. Para este efeito, a TIR é comparada com uma taxa mínima o taxa de corte, o custo de oportunidade do investimento (se o investimento for isento de risco, o custo de oportunidade utilizado para comparar a TIR será a taxa de rendibilidade sem risco). Se a taxa de rendibilidade do projeto expressa pela TIR exceder a taxa de corte, o investimento é aceite; caso contrário, é rejeitado (Martin, 2016).

A Taxa Interna de Rentabilidade TIR é a taxa de desconto que faz com que o VAL seja igual a zero (Baca, 2004):

$$VAN = \sum_{t=1}^{n} \frac{F_t}{(1+TIR)^t} - I = 0$$

Onde:
* Ft - Fluxo *de caixa* no período *t*.
* *n* - Número de períodos.
* *I* - Valor do investimento inicial.

A aproximação de Schneider utiliza o teorema binomial para obter uma fórmula de primeira ordem:

$$(1+TIR)^{-n} \approx 1 - n * TIR$$

$$I = F_1 * (1 - TIR) + F_2 * (1 - 2 * TIR) + ... + F_n * (1 - n * TIR)$$

$$TIR = \frac{-I + \sum_{i=1}^{n} F_i}{\sum_{i=1}^{n} i * F_i}$$

No entanto, o cálculo obtido pode estar longe da TIR efectiva.

O **período de retorno do investimento (PRI)** é o tempo (dias, meses, anos) após o qual o investimento efectuado é totalmente recuperado. É uma medida importante da capacidade de recuperação económica e da rentabilidade de qualquer projeto, ou seja, quanto mais baixo for o seu valor, mais rapidamente gerará lucros (Grech, 2002).

1.20. Efeitos no ambiente

Cuba entrou num processo profundo de desenvolvimento da sua política e estratégia de proteção do ambiente, que contribui para a eliminação dos riscos, para a criação de novas oportunidades de mercado e de inovação tecnológica, para o aumento da motivação dos trabalhadores e para o reforço das relações empresa-sociedade (Gomez, 1999).

1.21. Doença celíaca

A doença celíaca é uma doença autoimune que se prolonga por toda a vida, em que o sorgo não é um medicamento, mas faz parte da dieta destes doentes a partir de um produto sem glúten o proteína que é prejudicial para estes doentes.

É uma doença que ocorre em indivíduos geneticamente predispostos de todas as idades, começando na infância. Os sintomas incluem diarreia crónica, atraso no crescimento e/ou no desenvolvimento infantil, dispneia, erupções cutâneas, perda de peso, alterações de carácter, vómitos e barriga inchada. Embora estes sintomas possam estar ausentes e aparecer de vez em quando, também podem aparecer em quase todos os órgãos e sistemas do corpo. A doença afecta cerca de 1% da população das etnias indo-europeias, embora se pense que é uma doença consideravelmente subdiagnosticada. Como resultado do rastreio precoce, está a ser observado um número crescente de diagnósticos assintomáticos. O único tratamento eficaz é uma mudança ao longo da vida para uma dieta sem glúten, que permite a regeneração das vilosidades intestinais (Pino, 2017).

Cuba tem cerca de 250 mil adultos que sofrem da doença, o que a torna uma alternativa promissora para a alimentação desses pacientes, além de ajudar a substituir importações, dadas as vantagens de seu cultivo (Ortega, 2016).

CAPÍTULO 2

Materiais e métodos

2.1. Descrição do processo de produção de maltina a partir de sorgo vermelho CIAP R-132.

O anexo 1 apresenta o diagrama de blocos que contém as principais operações envolvidas no processo de produção de maltina a partir de sorgo vermelho CIAP R-132. Este processo é composto por seis etapas fundamentais, que são:

2.1.1. Moliendadelgrano.

2.1.2. Maceração.

2.1.3. Filtração y lavagem.

2.1.4. Cozinhar.

2.1.5. Arrefecimento primário y clarificação.

2.1.6. Arrefecimento secundário y carbonatação.

2.1.7. Moagem de grãos

22,50 kg de grãos de sorgo vermelho CIAP R-132 são moídos num moinho de discos até à consistência de farinha granulada.

2.1.8. Maceração

A maceração consiste em 4 pausas térmicas (Anexo 3), em que primeiro a água contida no macerador é aquecida a uma temperatura de 38 °C, sendo depois adicionado o sorgo previamente moído. A mistura sorgo-água é mantida a esta temperatura durante 40 minutos. Após este período, a temperatura de trituração é aumentada para 52 °C e a temperatura de trituração é mantida a este valor durante 40 minutos. Durante esta pausa, o licor enzimático Fungamyl 800L é adicionado a uma concentração de 0,1 g/L. A temperatura do processo é então aumentada para 63 °C e mantida a esta temperatura durante mais 40 minutos. A temperatura é então aumentada para 71 °C e o macerado é mantido a este valor durante 60 minutos. No final deste tempo, a temperatura da mistura é aumentada para 78 °C e mantida a este valor durante 10 minutos, de modo a parar a atividade enzimática. A reação de hidrólise enzimática do amido é descrita pela seguinte equação (Reyna et al., 2004):

$$_{6}10_{5}4_{2/2}22(C\,H\,O\,) + nH\,O\,^\wedge\,nC\,H\,O''$$

Com a aplicação destas pausas de temperatura, o amido contido no sorgo é corretamente sacarificado em açúcares fermentáveis. Todo o processo de brassagem é efectuado a uma velocidade de agitação   de derpm, e a brassagem que ocorre durante o processo de brassagem é

O processo de fermentação é do tipo infusão. No final do processo de brassagem, o mosto obtido é submetido a uma análise de iodo (Anexo 4).

2.1.9. Filtração y lavagem

A mistura obtida no final do processo de brassagem é filtrada através de um crivo, obtendo-se o mosto filtrado (líquido) e o grão de sorgo húmido (sêmea). O farelo é lavado com água quente a uma temperatura de 70 °C para dissolver os açúcares remanescentes no sólido, enquanto o mosto é bombeado de volta para o triturador para ferver.

2.1.10. Preparação da sacarose

Num recipiente separado, 10,50 kg de açúcar bruto são diluídos em 15 L de água e a mistura resultante (sacarose) é esterilizada a 121 °C durante 20 minutos. Após a esterilização, a sacarose é arrefecida.

2.1.11. Cozinhar

O mosto na caldeira é aquecido a 100 °C, onde 120 g de lúpulo amargo são adicionados 10 minutos após o início do processo de ebulição, enquanto 13,95 kg de caramelo e 30 g de lúpulo aromático são adicionados 15 minutos antes do final do processo de ebulição. Todo o açúcar previamente esterilizado é adicionado no início do processo de ebulição. O mosto é mantido a 100 °C durante 60 minutos, enquanto a mistura é agitada a uma velocidade de agitação de 150 rpm.

2.1.12. Arrefecimento primário y clarificação

No final da fase de ebulição, o mosto quente é bombeado para um decantador de turbilhão, onde é arrefecido a uma temperatura de ± 30 °C através da circulação de água de arrefecimento através da camisa do aparelho. Este arrefecimento faz com que as partículas coaguláveis, as impurezas e outras substâncias sedimentáveis se depositem no fundo da unidade, enquanto o sobrenadante produz maltina clarificada.

2.1.13. Arrefecimento secundário y clarificação

Quando o líquido clarificado atinge 30 °C dentro do decantador, é bombeado para o reator, onde a sua temperatura é reduzida para 1-2 °C através da circulação de água alcoólica dentro da bobina do reator. Quando esta temperatura é atingida, a maltina fria é carbonatada através da injeção de gás dióxido de carbono (CO_2) até ficar completamente saturada, resultando numa maltina fria carbonatada pronta para consumo.

2.2. Simulação do processo de produção no SuperPro Designer® Simulator

O processo de produção de maltina a partir de sorgo vermelho CIAP R-132 foi simulado com recurso ao simulador SuperPro Designer® v. 8.5, aplicando as ferramentas de balanço de massa e energia, dimensionamento de equipamentos e cálculos económicos contidas neste software (ver Anexo 2). Isto permitiu obter um conjunto de parâmetros técnicos e económicos do processo em estudo, tais como VAL, TIR, TIR, TIR, custos fixos, custos de exploração, custo unitário de produção, margem bruta e líquida, % de retorno do investimento, entre outros.

Durante a simulação, assumiu-se que a fábrica tem um período de construção de 12 meses, com 2 meses para o arranque e a entrada em funcionamento. A capacidade de produção da fábrica é considerada como 150 L/lote, uma vez que esta é a capacidade de produção média da Fábrica Piloto da Universidade de Camaguey. Foi considerado um tempo de vida do projeto de 15 anos, em que a fábrica produz a 100% da sua capacidade durante todo o seu tempo de vida. O valor NPV foi determinado considerando uma taxa de juro de 11% e um imposto sobre o rendimento de 32%. O custo de validação e arranque foi considerado como sendo 15% do capital fixo direto (DFC), os custos relacionados com a garantia de qualidade e o controlo de qualidade foram considerados como sendo 15% do custo total de mão de obra e foi aplicado um salário médio de $ 3,00/hora para os operadores que trabalham na fábrica e $ 5,00/hora para os supervisores e o pessoal de gestão.

Assumiu-se também que não há rejeição de produtos devido ao não cumprimento das normas de qualidade estabelecidas, que são gastos anualmente cerca de $3.000 na validação do processo de produção e que os custos de tratamento de resíduos da fábrica constituem 20% dos custos totais de funcionamento.

A fábrica consome água de arrefecimento, eletricidade e vapor, e funciona 11 meses por ano, utilizando um mês para manutenção e reparação de equipamento e sistemas auxiliares. O quadro 2 apresenta o custo de aquisição das principais matérias-primas, os materiais utilizados e o preço de venda dos produtos obtidos no processo de produção.

Tabela 2. Custo de aquisição das principais matérias-primas e produtos obtidos no processo de produção, que foram utilizados na simulação.

Composto	Preço	Unidade
Sorgo redCIAP R-132	14,05	$/kg
Água	0,10	$/m^3
Lúpulo amargo	51,228	$/kg
Lúpulo aromático	65,31	$/kg
Açúcar em bruto	356,15	$/tonelada
Afrecho		$/tonelada
Garrafa 350 mL	0,306	$/U
Coberturas	0,007	$/U
Maltina embalada em garrafas de 350 ml		$/garrafa

O Anexo 5 apresenta os custos de aquisição de cada equipamento utilizado no processo produtivo, de acordo com a literatura consultada (Baca, 2010; Perry & Green, 2008; Peters & Timmerhaus, 1991; Sinnott, 2005; Towler & Sinnott, 2008; www.matche.com, 2019). O produto final obtido (maltina) será acondicionado em garrafas de vidro de 350 mL.

O anexo 6 apresenta a composição química percentual do sorgo, do lúpulo e do corante caramelo utilizados na simulação (Diaz, 2014) (Perez, 2016).

Por fim, optou-se por uma capacidade de produção da fábrica de 150 litros de cerveja por lote, uma vez que esta é a capacidade média de produção da fábrica-piloto da Universidade de Camaguey.

2.3. Avaliação da sensibilidade dos indicadores seleccionados

Uma vez simulado o processo de produção de maltina no simulador SuperPro Designer®, procedeu-se à elaboração de um projeto de experiências do tipo Superfície de Resposta, utilizando o software estatístico *Statgraphics Centurion XVI®,* com o objetivo de avaliar a influência estatística de 3 variáveis de entrada iniciais o, que são (1) Capacidade de produção de maltina por lote da fábrica; (2) Custo de aquisição da sorgo y (3) Preço de venda da garrafa de maltina, sobre três importantes parâmetros de saída do processo: VAL, TIR y PRI. Por conseguinte, será efectuado um estudo de sensibilidade com 3 entradas e 3 saídas.

Para realizar o desenho de experiências anteriormente descrito, os valores utilizados durante a simulação para as 3 variáveis iniciais consideradas serão aumentados ou diminuídos em 20 %, de forma a ter em conta possíveis variações ou oscilações dos valores que estas variáveis possam apresentar no futuro, com o objetivo de avaliar a potencial influência que estas variações possam apresentar nos resultados a obter do VAL, TIR e PRI, bem como selecionar a corrida (ou cenário) mais viável do ponto de vista económico.

Foi desenvolvido um desenho experimental aleatório do tipo *Superfície de Resposta, através da* aplicação da opção *"Box-Behnken Design"* contida no pacote estatístico *Statgraphics®, a* partir do qual se obteve inicialmente um total de 30 execuções experimentais (ver Anexo 7), que foram posteriormente optimizadas através da aplicação da ferramenta *"D-Optimality"* contida no próprio software estatístico, com o objetivo de selecionar os ensaios que têm maior influência estatística sobre as 3 variáveis de saída consideradas, reduzindo assim também a extensão do estudo de sensibilidade, chegando finalmente a 11 ensaios experimentais (ver Anexo 8). Os ensaios experimentais optimizados seleccionados são mostrados a vermelho (Anexo 8), enquanto o Anexo 9 mostra os valores que cada uma das 3 variáveis de entrada deve apresentar tendo em conta o intervalo de ± 20%, y os valores que estes 3 parâmetros devem apresentar dentro do desenho optimizado de experiências contendo os 11 ensaios experimentais.

2.6. Determinação da correlação estatística entre as variáveis de entrada e os indicadores VAL, RH e PRI.

Uma vez obtidos os resultados do estudo de sensibilidade, procedeu-se à análise da correlação estatística entre as três variáveis de entrada consideradas e os três parâmetros de saída avaliados, de modo a obter equações que descrevam quantitativamente a relação estatística existente entre cada uma das variáveis de entrada e as variáveis de saída. Esta análise foi efectuada utilizando a opção *"Regressão Múltipla"* do pacote estatístico *Statgraphics CenturionXVI®.*

Determinar também a execução ou experiência com o resultado económico mais positivo em relação aos resultados obtidos de VAL, TIR e PRI, bem como o resultado mais negativo.

CAPÍTULO 3

Análise dos resultados

3.1. Principais resultados técnico-económicos obtidos durante a simulação do processo de produção de maltina à escala piloto.

A tabela 3 apresenta os valores dos principais indicadores técnico-económicos obtidos durante a simulação do processo de produção de maltina no simulador SuperPro Designer®. O anexo 10 apresenta o resto dos resultados técnico-económicos obtidos.

Tabela 3: Principais indicadores técnico-económicos obtidos durante a simulação do processo de produção de maltina no simulador SuperPro Designer®.

Indicador	*Valor*
Investimento de capital total [$].	613 000
Custo de funcionamento [$/ano].	1 507 000
Ganhos anuais totais [$/ano].	2 422 000
Custo unitário de produção [$/garrafa].	3,73
Retorno do investimento [%] Retorno do investimento [%] Retorno do investimento [%] Retorno do investimento [%] Retorno do investimento [%] Retorno do investimento	98,02
Período de retorno do investimento (ROI) [anos].	1,02
Taxa interna de rendibilidade (TIR) [%].	63,20
Valor atual líquido (VAL) [$].	3 661 000

Tendo em conta os resultados apresentados na Tabela 3, o projeto pode ser considerado economicamente rentável e fiável do ponto de vista do investidor (Baca, 2005; Baca, 2010; Sinnott, 2005; Towler & Sinnott, 2008), uma vez que o VAL tem um sinal positivo ($ 3 661 000), a TIR é superior a 25% (63,20%) e a TIR é inferior a 5 anos (1,02), o que é sinónimo de rentabilidade e lucratividade.

O Anexo 11 apresenta a repartição das principais matérias-primas e materiais consumidos por ano, e a sua influência percentual no custo total de produção. No Anexo 14 apresenta-se o Gráfico de Gantt obtido com recurso ao simulador SuperPro Designer®.

Em (Ozuna, 2008) obteve-se que uma fábrica de produção de maltina com uma capacidade de 159 Ton/a não é viável do ponto de vista económico, uma vez que tem um VAL de $-1 349 729,75, sem obter valores de TIR y PRI.

Em (Diaz, 2014) foi realizada uma análise económica para a produção de 225 ton/ano de maltina a partir de sorgo branco UDG-110, onde se obteve um valor atual líquido de 318 591,73€, uma taxa de juro de 37% e um período de retorno de 3,4 anos.

3.2. Avaliação do estudo de sensibilidade efectuado em relação às variáveis iniciais seleccionadas.

O Anexo 11 apresenta os resultados do estudo de sensibilidade efectuado tendo em conta as 11 corridas avaliadas. De acordo com os resultados apresentados no mesmo, as corridas # 3 e # 9 são as que apresentam o cenário económico mais positivo no que diz respeito aos valores de VAL ($ 7 997 968), TIR (103,36 %) e TIR (0,51 anos). Isto deve-se ao facto de nestas corridas se obter o maior valor de capacidade de produção por lote (180 L/lote), o menor custo de compra de sorgo ($ 11,24/kg) e o maior preço de venda de maltina ($ 7,2/garrafa). Ou seja, a maior capacidade de produção possível é produzida com o menor custo de aquisição da principal matéria-prima consumida (sorgo), e o produto final obtido (garrafa de maltina) é vendido ao maior preço possível, o que tem um impacto positivo na rentabilidade global do processo de produção.

Por outro lado, o ciclo # 2 apresenta o pior cenário económico de todos, com um valor negativo de VAL (- $ 13 311), uma TIR de 6,64% e um PRI de 7,11 anos. Isto deve-se ao facto de este ciclo ter a menor capacidade de produção por lote (120 L/lote), o maior custo de compra de sorgo ($ 16,86/kg) e o menor preço de venda da garrafa de maltina ($ 4,8/garrafa).

3.3. **Resultados obtidos no que respeita à correlação estatística entre as 3 variáveis de entrada e os indicadores VAL, TIR e PRI.**

Avaliando a correlação estatística entre as três variáveis de entrada iniciais consideradas (capacidade de produção de maltina por lote; custo de aquisição de sorgo vermelho; e preço de venda da garrafa de maltina) e três importantes indicadores económicos do processo (VAL, TIR e PRI), foram obtidas as seguintes equações:

* **Valor atual líquido**

VAL = -1,43956E7 + 57633,9*Capacidade de produção - 99797,7*Custo do sorgo + 1,77474E6*Vendas de malte

* **Taxa interna de retorno**

TIR = -151,032 + 0,659782*Capacidade de produção - 1,14981*Custo do sorgo + 20,7559*Vendas de malte

* **Período de recuperação do investimento**

PRI = 12,5009 - 0,0356912*Capacidade de produção + 0,0874503*Custo do sorgo - 1,05221*Venda de malte

CAPÍTULO 4

Conclusões

1.   O processo de produção de maltina a partir de sorgo vermelho CIAP R-132 à escala piloto (150 L/lote) pode ser considerado economicamente rentável, tendo em conta os valores de VAL, TIR e PRI obtidos, que foram de 3 661 000$, 63,20 % e 1,02 anos, respetivamente.

2.   As execuções que apresentaram o melhor cenário económico durante o estudo de sensibilidade foram a # 3 e a # 9 com um VAL = $ 7 997 968, uma TIR = 103,36 % e um PRI = 0,51 anos, enquanto o pior resultado económico foi a # 2 com um VAL =-$13311, uma TIR = 6,64 % e um PRI = 7,11 anos.

3.   Foram obtidas correlações estatísticas para relacionar quantitativamente os indicadores VAL, TIR e PRI com três parâmetros iniciais do processo de produção: 1) Capacidade de produção de maltina por lote; 2) Custo de aquisição do sorgo vermelho; e 3) Preço de venda da garrafa de maltina.

Recomendações

1.   Efetuar simulações relacionadas com a produção de maltina à escala piloto utilizando outras variedades de sorgo.

2.   Realizar estudos técnico-económicos para determinar a viabilidade e os limites de rentabilidade do processo de produção de maltina à escala piloto.

3.   Produção de maltina a partir de sorgo vermelho CIAP R-132 à escala de uma fábrica piloto.

4.   Efetuar simulações à escala industrial do processo de produção de maltina utilizando sorgo vermelho CIAP R-132 (1000 L/lote).

Referências bibliográficas

Agu, R. C., & Palmer, G. H. (1997). O efeito da temperatura na modificação do sorgo e da cevada durante a maltagem. *Process Biochem,* 32, 501-507.

Agu, R. C., & Palmer, G. H. (1998). A reassessment ofsorghum for larger-beer brewing. *Bioresour. Technol.,* 66, 253-261.

Almodares, A., & Hadi, M. R. (2009). Produção de bioetanol a partir de sorgo doce: Uma revisão. *African Journal ofAgricultural Research,* 4(9), 772 - 780.

Auli, N. A., Sakinah, M., Bakri, A. M. M. M. A., Kamarudin, H., & Norazian, M. N. (2013). Simulação da produção de xilitol: uma revisão. *Jornal Australiano de Ciências Básicas e Aplicadas,* 7(5), 366-372.

Baca, G. (2004). *Ingenieria Economica (8ª* ed.). Bogotá, Colômbia: Fondo Educativo Panamericano.

Bernal, L. G., Perez, G. I., & Delgado, R. (2015). *Transformação e inovação de grãos: sorgo para fabricação de cerveja artesanal* Trabalho apresentado no 20º Encontro Nacional sobre Desenvolvimento Regional no México, Cuernavaca, Morelos.

Carvajal, N. (2014). *Perfeccionamiento delproceso de producción de cerveza a partirde malta de sorgo.* Tese de diploma, Departamento de Engenharia Química, Faculdade de Química-Farmácia, Universidad Central "Marta Abreu" de Las Villas, Santa Clara, Cuba.

Chaviano, M. (2005). Sorgo: Contribuição para o desenvolvimento sustentável e ecológico da produção popular de arroz. *Agricultura Orgânica,* 1,8-11.

Chung, C. A. (2008). *Simulation Modeling Handbook; A Practical Approach* (3ª ed.). Boca Raton: CRC Press.

Dewar, J., Taylor, J. R. N., & Berjak, P. (1997). Determinação de melhores condições de maceração para a maltagem do sorgo. *J. CerealSci.,* 26, 129-136.

Diaz, Y. (2014). *Melhoria do processo de maltagem de sorgo para a produção de maltinas para pacientes celíacos.* Tese de diploma, Universidad Central "Marta Abreu" de Las Villas Villa Clara, Cuba.

Doggett, H. (1998). *Sorghum* (2ª ed.). Londres, Reino Unido: Longman Scientific and Technical.

Dominguez, E. R. (1996). *Análise de alternativas de investimento na indústria química considerando a fiabilidade dos equipamentos.* Tese de licenciatura, Universidad Central "Marta Abreu" de Las Villas, Santa Clara, Cuba.

Douglas, J. M. (1988). *Conceptual Design of Chemical Process.* Nova Iorque, EUA: McGraw-Hill.

Elgorashi, A. G. M" Elkhalifa, E. A., & Sulieman, A. m. E. (2016). O Efeito das Condições de

Maltagem na Produção de Bebida Não Alcoólica de Malte de Sorgo. *International Journal ofFood Science and Nutrition Engineering,* 6(4), 81-86.

Gallardo, I., Boffill, Y., Ozuna, Y., Gomez, O., Perez, M., & Saucedo, O. (2013). Produção de bebidas utilizando sorgo maltado como matéria-prima para pacientes celíacos. *Avanços em Ciência e Engenharia,* 4(1), 61-73.

Gallardo, I., Boffill, Y" Rega, L" Pino, M. S" Rodriguez, Y" & Perez, M. (2018). Melhoria do processo de maltagem do sorgo udg-110 na produção de bebidas para pacientes celíacos. *CentroAzucar,* 45(2), 46-58.

Gonzales, R., & Ozuna, Y. (2007). *Estudo preliminar sobre a produção de maltina para crianças celíacas a partir de sorgo maltado.* Projeto de Curso, Universidad Central Marta Abreu de Las Villas, Santa Clara, Cuba.

Gonzalez, J. M. G. (2013). Simulação de processos em engenharia química. *Investigación Cientifica,* 7, 36-42.

Grech, P. (2002). *Introdução à Engenharia. Uma abordagem através do desenho.* Bogotá, Colômbia: Prentice Hall.

Igyor, M. A., Ogbonna, A. C., & Palmer, G. H. (2001). Efeito da temperatura de maltagem e dos métodos de trituração na composição do mosto de sorgo e no sabor da cerveja. *Process Biochem,* 36, 1039-1044.

Intelligen (2014). SuperPro DesignerScotch Plains, NJ, EUA: Intelligen, Inc.

Jacob, A. A., Fidelis, A. E., Salaudeen, K. O., & Queen, K. R. (2013). Sorgo: O grão mais subutilizado da África semi-árida. *Revista académica de ciências agrícolas,* 4(3), 147-153.

Jimenez, A. C. (2003). *Diseno de Procesos en Ingenieria Quimica.* México: Reverte S.A.

Kayode, A. P. P., Hounhouigana, J. D., Nout, M. J. R., & Niehof, A. (2007). Produção doméstica de cerveja de sorgo no Benim: aspectos tecnológicos e socioeconómicos. *Int. J. Consum. Stud.,* 31, 258-264.

Konfo, T. R. C., Adjou, S. E., Dahouenon-Ahoussi, E., Soumanou, M. M., & Sohounhloue, C. K. D. (2014). Perfil físico-químico do malte produzido a partir de duas variedades de sorgo utilizadas para a produção de cerveja local (Tchakpalo) no Benim. *International Journal ofBiosciences,* 5(1), 217-225.

Law, A. M. (2011). *Simulation modeling andanalysis* (3ª ed.). Nova Iorque: McGraw-Hill.

Lyumugabe, F., Gros, J., Nzungize, J., Bajyana, E., &Thonart, P. (2012). Características das cervejas tradicionais africanas fabricadas com malte de sorgo: uma revisão. *Biotechnol. Agron. Soc. Environ.,* 16(4), 509-530.

Maoura, N., & Pourquie, J. (2009). Cerveja de sorgo: produção, valor nutricional e impacto na saúde humana. Em V. R. Preedy (Ed.), *Beer in health disease prevention (Cerveja na prevenção de doenças e saúde)* (pp. 53-60). Burlington, MA, EUA: ElsevierAcademic Press.

Martin, M. (2016). *Industrial Chemical Process Analysis and Design.* Cambridge, Estados Unidos: Elsevier.

Martinez, V. H. (2012). *Simulacion de procesos en Ingenieria Quimica* (1ª ed.). Madrid, Espanha: Plaza y Valdez.

MATCHE (2019). Custo do equipamento químico. Recuperado em 30 de janeiro de 2019, de www.matche.com

Moran, S. (2015). *An Applied Guide to Process and Plant Design.* Oxford, Reino Unido: Butterworth-Heinemann.

Morrall, P" Boyd, H. K" Taylor, J. R. N" & Walt, W. H. V. D. (1986). Efeito do tempo de germinação, temperatura e humidade na maltagem do sorgo (Sorghum bicolor). *J. Inst. Brew.,* 92, 439-445.

Nieblas, C., Gallardo, I., Rodriguez, L., Carvajal, N., Gonzalez, J. F., & Perez, M. (2016). Obtenção de bebidas e outros produtos alimentares a partir de duas variedades de sorgo. *Centro Azucar,* 43(3), 66-77.

Okafor, N., & Aniche, G. N. (1980). Produção de uma cerveja lager a partir de sorgo nigeriano. *Brew. Distilling Int.,* 10, 32-35.

Okolo, B. N., & Ezegou, L. I. (1996). Duração da fase final de água quente como um fator crucial na modificação de proteínas em maltes de sorgo. *J. Inst. Brew.,* 102, 167-177.

Oramas, G. (2002). Obtenção de variedades de sorgo (Sorgum bicolor) de duplo propósito através do método de seleção de descendentes por sulco. *Agrotecnia de Cuba,* 28(1), 39-48.

Ortega, M. (2016). *Produção de cerveja utilizando integralmente grãos de sorgo.* Tese de diploma, Departamento de Engenharia Química, Faculdade de Química-Farmácia, Universidad Central "Marta Abreu" de Las Villas, Santa Clara, Cuba.

Ostrowski, B. (1998). Sistemas intensivos no inverno. *Dairy World,* 4(44), 148-155.

Owuama, C. I., & Adeyemo, M. O. (2009). Efeito de enzimas exógenas no teor de açúcar do mosto de diferentes variedades de sorgo. *Revista Mundial de Ciências Aplicadas,* 7, 1392-1394.

Ozuna, Y. (2008). *Obtenção de maltina a partir de sorgo maltado para crianças celíacas.* Tese de Diploma, Departamento de Engenharia Química, Faculdade de Química - Farmácia, Universidad entral "Marta Abreu" de Las Villas, Santa Clara, Cuba.

Pacheco, D. R. (1998). *Caracterização agronómica de dezasseis maicillos melhorados (Sorghum bicolorL. Moench) em diferentes locais,* El Zamorano, Honduras.

Perez, A., Saucedo, O., Iglesias, J., Wencomo, H. B., Reyes, F., Oquendo, G., & Milian, I.

(2010). Caracterização e potencial do sorgo granífero (Sorghum bicolor L. Moench). *PastosyForrajes,* 33(1), 1-17.

Perez, E. J. (2016). *Simulação do processo de produção de cerveja à escala piloto.* Tese de Diploma, Departamento de Engenharia Química, Faculdade de Ciências Aplicadas, Universidade de Camaguey, Camaguey, Cuba.

Perry, R. H., & Green, D. (2008). *Chemical Engineers' Handbook.* Nova Iorque: McGraw-Hill.

Peters, M. S., & Timmerhaus, K. D. (1991). *Plant design and economics for chemical engineers.* Nova Iorque: McGraw-Hill.

Pino, M. S. (2017). *Tecnologia para a produção de cerveja a partir de malte de sorgo para pacientes celíacos.* Tese de diploma, Departamento de Engenharia Química, Faculdade de Química-Farmácia, Universidad Central "Marta Abreu" de Las Villas, Santa Clara, Cuba.

Ramatoulaye, F., Mady, C., Fallou, S., Amadou, K., Cyril, D., & Massamba, D. (2016). Produção e Utilização de Sorgo: Uma Revisão da Literatura. *Jornal de Saúde Nutricional e Ciência Alimentar,* 4(1), 1-4.

Ratnavathi, C. V., & Chavan, U. D. (2016). Maltagem e fabricação de cerveja de sorgo *Bioquímica do sorgo: uma perspetiva industrial* (pp. 63-106). Oxford: Imprensa Académica.

Reyes, S. (2013). *Estudo da produção de cerveja a partir de sorgo e cevada, em escala laboratorial para sua implementação em uma planta piloto.* Tese de diploma, Universidad Central "Marta Abreu" de Las Villas, Santa Clara, Cuba.

Reyna, L., Robles, R., Reyes, M., Mendoza, Y., & Romero, J. (2004). Hidrólise enzimática do amido. *Rev. Per. Quím. Ing. Quím.,* 7(1), 40-44.

Rodriguez, L. (2010). *Obtenção de bioetanol a partir de sorgo, utilizando as enzimas geradas a partir da maltagem do próprio grão.* Tese de diploma, Universidade Central "Martha Abreu" de Las Villas, Villa Clara, Cuba.

Rodriguez, L., Gallardo, I., Nieblas, C., Medina, J., & Ortiz, W. (2015). Obtenção de xaropes dextrinizados por hidrólise enzimática do amido de sorgo. *Centro Azucar,* 42(4), 49-58.

Rodriguez, L., Gallardo, I., Nieblas, C., & Ortiz, W. (2015). Avaliação de duas variedades de sorgo para a produção de amido. *CentroAzucar,* 42(1), 88-95.

Rooney, L. W., & Serna, S. O. (2000). Sorghum. Em K. Kulp & J. Ponte (Eds.), *Handbook of Cereal Science y Technology (2ª* ed., pp. 149-175). Nova Iorque, EUA: Marcel Dekker.

Ruiz-Mercado, G., & Cabezas, H. (2016). *Sustentabilidade na conceção, síntese e análise de processos de engenharia química.* Oxford, Reino Unido: Butterworth- Heinemann.

Salermo, J. C. (1998). As culturas forrageiras no seu melhor. *Mundo Lacteo,* 4(40), 46-58.

Sawadogo-Lingani, H. (2007). A biodiversidade das bactérias lácticas predominantes no mosto de dolo e pito, para a produção de cerveja de sorgo. *J. Appl. Microbiol,* 103, 765-777.

Scenna, N. J. (1999). *Modelação, Simulação e Otimização de Processos Químicos.* Madrid: Marcombo.

Serna, S. S. (1998). Refinação de amido e produção de xaropes de glucose num sistema contínuo a partir de diferentes sorgos e milho. Monterrey, N.L., México: ITESM.

Solange, A., Georgette, K., Gilbert, F., Marcellin, D. K., & Bassirou, B. (2014). Revisão sobre as bebidas de cereais tradicionais africanas. *American Journal of Research Communication,* 2(5), 103-153.

Taylor, J. R. N., & Dewar, J. (1994). Papel da alfa-glucosidase na composição de açúcares fermentáveis das misturas de malte de sorgo. *J. Inst. Brew.,* 100, 417-419.

Towler, G., & Sinnott, R. (2008). *Chemical Engineering Design. Principles, Practice and Economics of Plant and Process Design.* Burlington, EUA: Butterworth-Heinemann.

V   alencia, R. C., & Rooney, W. B. L. (2009). Genetic Control of Sorghum Grain Colour (Controlo Genético da Cor dos Grãos de Sorgo). El Salvador: Centro Nacional de Tecnologia Agropecuária y Florestal (CENTA).

V   alle, M. A. M. (2013). Software de simulação para engenharia química. Recuperado em 27 de novembro de 2018, de www.simulaci6nprocesos.com

V   itale, J. D. (1998). Efeitos esperados da desvalorização na produção de cereais na região sudanesa do Mali. *Agricultural Systems,* 57(4), 489-502.

Anexo 1. Diagramas de blocos do processo de produção de maltina a partir de sorgo vermelho CIAP R-132.

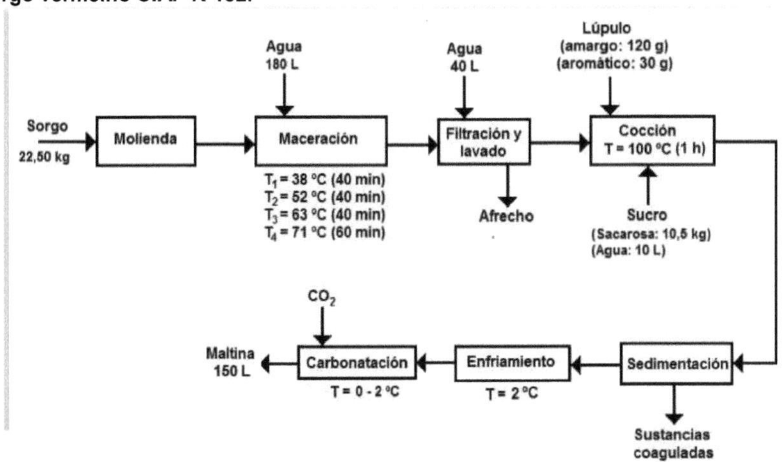

Anexo 2. Fluxogramas do processo de produção de maltina a partir de sorgo vermelho CIAP R-132 obtidos com o simulador "SuperPro Designer".

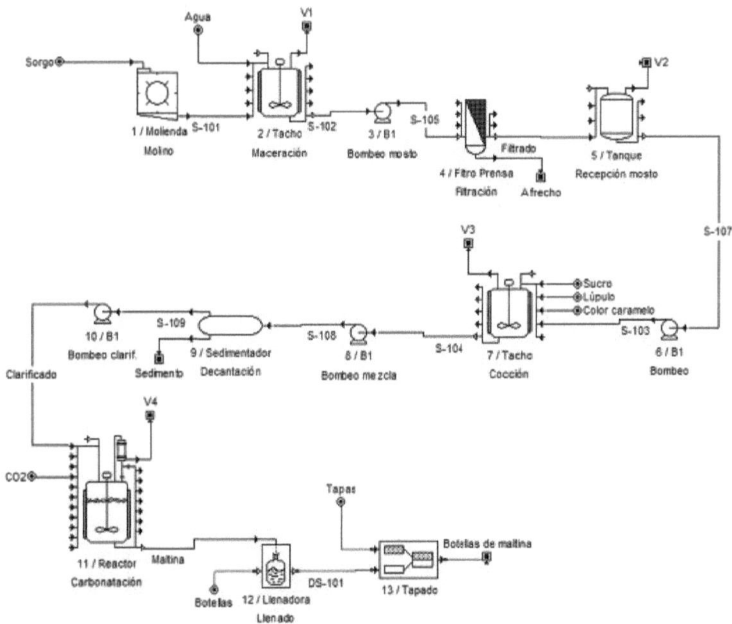

Anexo 3. Intervalos de temperatura utilizados durante a fase de maceração.

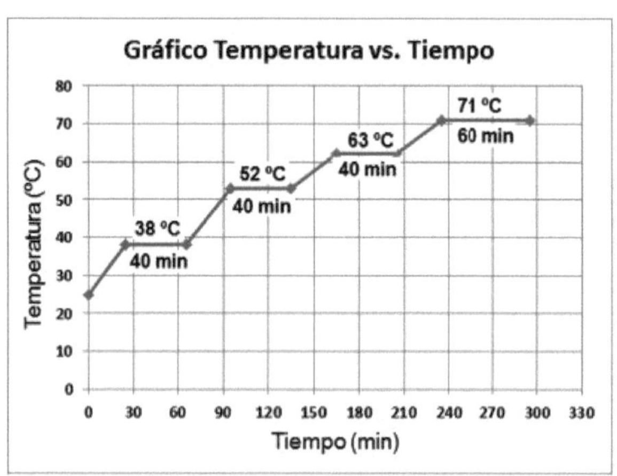

Anexo 5. Custo dos principais equipamentos utilizados no processo de produção de maltina a partir de sorgo vermelho CIAP R-132.

Equipa	Características	Quantidade	Custo total
Moinho de discos	10 kg/h	1	$ 10 200
Macerador	180 L	1	$ 13 000
Filtro coador	12 m^2	1	$3 000
Tanque de receção obrigatória	200 L	1	$ 10 000
Tanque de decantação	180 L	1	$ 14 300
Reator	200 L	1	$ 15 700
Bomba centrífuga sanitária	3,5 kW	1	$4 900
Total			**$71 100**

Anexo 6. Composição química, em percentagem, do sorgo, do lúpulo e do lúpulo cor de caramelo utilizados na simulação.

Componente	Sorgo -(%)-	Lupulo -(%)-	Cor de caramelo (%)
Humidade	10,6	10,0	37,5
Amido	69,3	-	-
Proteína	12,5	15,0	-
Massa lubrificante	3,4	-	-
Fibra	2,2	-	-
Cinzas	2,0	3,0	0,5
Resinas	-	15,0	-
Taninos	-	4,0	-
Alfa-ácidos	-	8,0	-
Hidratos de carbono			62,0
Lignina	-	45,0	-

Anexo 7. Resultados da conceção das experiências completas

corr er	bloco	Capacidade	Comprar sorgo	Venda maltina	FURGÃO	TIR	PRI
1	1	-1,0	1,0	1,0			
	1	-1,0	1,0	-1,0			
	1	0,0	-1,0	-1,0			
	1	0,0	0,0	0,0			
5	1	-1,0	1,0	0,0			

	1	1,0	-1,0	1,0		
	1	1,0	-1,0	0,0		
8	1	1,0	0,0	1,0		
9	1	1,0	-1,0	-1,0		
10	1	-1,0	-1,0	1,0		
	1	0,0	1,0	-1,o		
	1	0,0	0,0	0,0		
	1	-1,0	0,0	1,0		
	1	1,0	1,0	0,0		
	1	-1,0	-1,0	-1,o		
		0,0	1,0	1,0		
		0,0	0,0	0,0		
		1,0	-1,o	-1,o		
		0,0	0,0	0,0		
		-1,0	1,0	0,0		
21		0,0	-1,o	1,0		
		1,0	-1,o	-1,o		
23		1,0	-1,o	1,0		
		1,0	0,0	-1,o		
25		-1,o	-1,o	0,0		
26		1,0	1,0	1,0		
		0,0	0,0	0,0		
		-1,o	-1,o	1,0		
29		1,0	1,0	0,0		
30		-1,o	0,0	-1,o		

Anexo 8: Resultados da conceção optimizada das experiências

	correr	bloco	Capacidade	Comprar sorgo	Venda maltina
*	1	1	-1,0	1,0	1,0
*		1	-1,0	1,0	-1,0
		1	0,0	-1,0	-1,0
		1	0,0	0,0	0,0
	5	1	-1,0	1,0	0,0
*		1	1,0	-1,0	1,0
		1	1,0	-1,0	0,0
	8	1	1,0	0,0	1,0
*		1	1,0	-1,0	-1,0
*	10	1	-1,0	-1,0	1,0
		1	0,0	1,0	-1,0
		1	0,0	0,0	0,0
		1	-1,0	0,0	1,0
		1	1,0	1,0	0,0
*		1	-1,0	-1,0	-1,0
			0,0	1,0	1,0
			0,0	0,0	0,0
*			1,0	-1,o	-1,o
			0,0	0,0	0,0
			-1,o	1,0	0,0
	21		0,0	-1,o	1,0
*			1,0	-1,o	-1,o
*	23		1,0	-1,o	1,0
			1,0	0,0	-1,o
	25		-1,o	-1,o	0,0
*	26		1,0	1,0	1,0

			0,0	0,0	0,0
*			-1,o	-1,o	1,0
	29		1,0	1,0	0,0
	30		-1,o	0,0	-1,o

Anexo 9. Valores a apresentar por cada uma das 3 variáveis de entrada consideradas tendo em conta uma amplitude de variação de ± 20%, y os valores a apresentar por estes 3 parâmetros na conceção optimizada das experiências.

Parâmetro	Valor utilizado na Variante	Valor mínimo (- 20 %)	Valor máximo (+ 20 %)
Capacidade de produção (L/lote)	150	120	
Custo de compra do sorgo ($/kg)	14,05	11,24	16,86
Preço de venda da Maltina ($/garrafa)	6,0	4,8	7,2

Corrida	Capacidade de produção (L/lote)	Custo de compra do sorgo ($/kg)	Preço de venda da Maltina ($/garrafa)
1	120	16,86	7,2
		16,86	4,8
		11,24	7,2
		11,24	4,8
5		16,86	7,2
		11,24	4,8
		16,86	4,8
8		11,24	4,8
		11,24	7,2
10		16,86	7,2
		11,24	7,2

Resultados técnico-económicos complementares obtidos durante a simulação do processo de produção de maltina no SuperPro Designer®.

Indicador	Valor
Custo direto total das instalações (TDPC)	
Custo de aquisição de equipamento	$ 89 000,00
Instalação	$ 37 000,00
Tubos	$ 31 000,00
Instrumentação	$ 36 000,00
Isolamento	$ 3 000,00
Sistemas eléctricos	$ 9 000,00
Edifícios	$ 40 000,00
Melhoria de terrenos	$ 13 000,00
Instalações auxiliares	$ 36 000,00
Total CTDP	**$ 294 000,00**
Total dos custos indirectos das instalações (TCIP)	
Engenharia	$ 73 000,00
Construção	$ 102 000,00
Pagamentos ao contratante	$ 23 000,00
Contingências	$ 47 000,00
Total CTIP	**$ 245 000,00**
Capital fixo direto (DFC) = DFC + CPD + PITC	**$ 539 000,00**

Outros	
Fundo de maneio	$ 47 000,00
Custo de arranque	$ 27 000,00
Produção de maltina [garrafas/ano].	403 460
Lucro anual bruto [$/ano].	$ 915 000,00
Lucro líquido anual [$/ano].	$ 600 000,00
Margem bruta [%] [%] Margem bruta	37,79 %
Despesas anuais com salários [$/ano] Despesas anuais com salários [$/ano] Despesas anuais com salários [$/ano] Despesas anuais com salários [$/ano	$ 92 000,00
Despesas anuais por matéria-prima [$/ano].	$ 403 000,00
Despesas por material consumível [$/ano].	$ 32 000,00
Despesa anual de consumo de serviços auxiliares [$/ano].	$ 24 000,00
Tempo do lote [h] Tempo do lote [h	15,48 h
Número total de lotes/ano	387 lotes/ano

Consumo de matérias-primas e sua influência percentual no custo de produção.

Matéria-prima o material	Quantidade anual consumida	Custo anual -($)-	%
Sorgo	17 696 kg	248 624	61,74
Água	168 m^3		0,00
Sacarose	9 314 kg	3317	0,82
Lupulo	133 kg	15 505	3,85
Cor de caramelo	95 hL	5 143	1,28
Dióxido de carbono	8 870 kg	3 714	0,92
Garrafas	403 460 U	123 459	30,66
Coberturas	403 460 U	2 824	0,70

Resultados obtidos para cada uma das execuções experimentais incluídas no estudo de sensibilidade.

Corrida	FURGÃO ($)	TIR (%)	PRI (anos)
1	3 315 841	59,14	1,11
	-13311	6,64	7,11
	7 997 968	103,36	0,51
	3 027 315	55,39	1,21
5	3 315 841	59,14	1,11
	358 242	15,23	4,32
	2 440 215	47,42	1,46
8	3 027 315	55,39	1,21
9	7 997 968	103,36	0,51
10	7 418 723	98,20	0,56
	3 706 360	64,14	1,00

Valor atual líquido

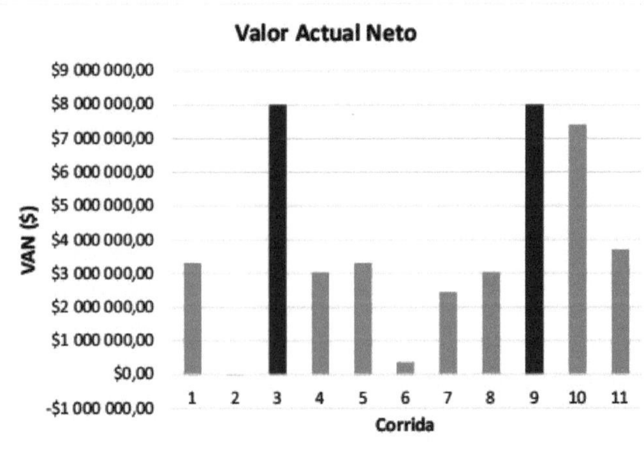

Resultados adicionais obtidos em relação ao estudo de correlação estatística efectuado entre as três variáveis de entrada seleccionadas e os indicadores VAL, TIR e PRI.

- Valor atual líquido

Regressão múltipla - VAN

Variável dependente: VAL ($)

Variáveis independentes:

Capacidade de produção (L/lote)

Custo do sorgo ($/kg)

Vendas de Maltina ($/garrafa)

Parâmetro	Estimativa	Padrão Erro	T Estatísticas	Valor P
CONSTANTE	-1.43956E7	1.48404E6	-9,70028	0,0000
Capacidade de produção	57633,9	5262,99	10,9508	0,0000
Custo do sorgo	-99797,7	56188,5	-1,77612	0,1190
Venda maltina	1.77474E6	127449,	13,9251	0,0000

Análise de variância

Fonte	Soma de quadrados	Df	Quadrado médio	Rácio F	Valor P
Modelo	7,64337E13		2,54779E13	101,45	0,0000
Residual	1.75796E12		2.51138E11		
Total (Corr.)	7,81917E13	10			

R-quadrado = 97,7517 por cento

R-quadrado (ajustado para d.f.) = 96,7882 por cento

Erro padrão da estimativa = 501137,

Erro médio absoluto = 389393, estatística de Durbin-Watson = 2,17855 (P=0,6812)

Autocorrelação residual do desfasamento 1 = -0,177864

Taxa interna de retorno

Regressão múltipla - TIR

Variável dependente: TIR (%)

Variáveis independentes:

Capacidade de produção (L/lote)

Custo do sorgo ($/kg)

Vendas de Maltina ($/garrafa)

Parâmetro	Estimativa	Padrão Erro	T Estatísticas	Valor P
CONSTANTE	-151,032	3,37928	-44,6935	0,0000
Capacidade de produção	0,659782	0,0119842	55,0542	0,0000
Custo do sorgo	-1,14981	0,127945	-8,9867	0,0000
Venda maltina	20,7559	0,290211	71,5201	0,0000

Análise de variância

Fonte	Soma de quadrados	Df	Quadrado médio	Rácio F	Valor P
Modelo	10276,3		3425,44	2630,57	0,0000
Residual	9,11518		1,30217		
Total (Corr.)	10285,4	10			

R-quadrado = 99,9114 por cento
R-quadrado (ajustado para d.f.) = 99,8734 por cento
Erro padrão deEst. = 1,14113

Erro médio absoluto = 0,835027
Estatística de Durbin-Watson = 2,27962 (P=0,7439)
Autocorrelação residual do desfasamento 1 = -0,203268
Período de recuperação do investimento
<u>**Regressão múltipla - PRI**</u>
Variável dependente: PRI (anos)
Variáveis independentes:
Capacidade de produção (L/lote)
Custo do sorgo ($/kg)
Vendas de Maltina ($/garrafa)

		Padrão	T	
Parâmetro	Estimativa	Erro	Estatísticas	Valor P
CONSTANTE	12,5009	4,08892	3,05725	0,0184
Capacidade de produção	-0,0356912	0,0145009	-2,46131	0,0434
Custo do sorgo	0,0874503	0,154814	0,564873	0,5898
Venda maltina	-1,05221	0,351155	-2,99641	0,0200

Análise de variância

Fonte	Soma Quadrados	Df	Média Quadrado	Rácio F	Valor P
Modelo	28,462		9,48734	4,98	0,0371
Residual	13,3455		1,90651		
Total (Corr.)	41,8076	10			

R-quadrado = 68,0787 por cento
R-quadrado (ajustado para d.f.) = 54,3981 por cento
Erro padrão da estimativa = 1,38076
Erro médio absoluto = 0,959251
Estatística de Durbin-Watson = 1,90502 (P=0,4904)
Autocorrelação residual do desfasamento 1 = -0,0050996

Gráfico de Gantt obtido com o simulador SuperPro Designer®.

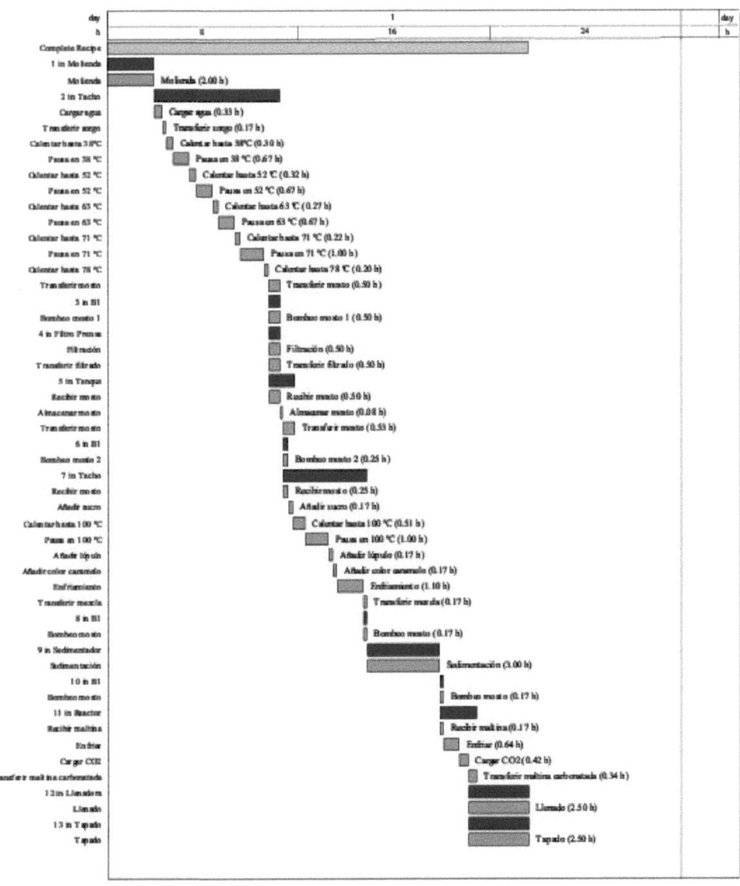

Printed by Books on Demand GmbH, Norderstedt / Germany